科学养花必备

让您的保护地花卉更艳丽

设施花卉病虫害诊治图说

徐志华　主编

中国林业出版社

内容提要

本书介绍了塑料小棚、中棚、大棚、日光温室、加温温室等保护地设施花卉病虫灾害的发生特点及其防治对策，并阐述了121种常见设施花卉病虫害的危害特点，发生规律和防治方法，每种病虫害都有彩色生态照片与文字说明相对照，便于病虫的诊断和识别，实用性强，便于操作，可供设施花卉经营者、管理者以及花卉爱好者参考应用。

主　编　徐志华
副主编　鲍玉院　焦松松
编著者　徐志华　党风锁　甄树敏　贾晓英　鲍玉院　焦松松　林淑荣

图书在版编目（CIP）数据

设施花卉病虫害诊治图说／徐志华主编.－北京：中国林业出版社，2004.9
ISBN 7-5038-3774-8

Ⅰ.设…　Ⅱ.徐…　Ⅲ.花卉－病虫害防治方法－图解　Ⅳ.S436.8-64

中国版本图书馆CIP数据核字（2004）第046311号

出　版：中国林业出版社
地　址：北京西城区刘海胡同7号（邮编：100009；电话：010-66162880）
发　行：中国林业出版社
制　版：北京图文天地中青彩印制版有限公司
印　刷：北京北方印刷厂
版　次：2004年9月第1版
印　次：2004年9月第1次
开　本：880mm × 1230mm　1/32
印　张：4
字　数：110千字　**彩色照片**：232幅
印　数：1～5000册
定　价：28.00元

前　言

在加快农业产业结构调整、全面建设小康社会的进程中，发展塑料棚和温室等设施花卉是花卉产业的重要组成部分，是人们致富奔小康的重要手段，是国民经济新的增长点。但设施花卉技术性比较强，尤其是病虫灾害，出现了很多与露地栽培不同的新问题。有些经营者缺乏对设施花卉病虫害的基本了解，不能及时发现、准确诊断并科学加以防治，以至不少棚室的花卉病虫害发生严重，甚至整个棚室的花卉因病虫灾害而毁产，给经营者造成不应有的损失。为了普及设施花卉病虫害基本知识，为花农致富和小康建设服务，我们编写了这本书。

本书力求理论联系实际，紧密结合生产，是在对北方一些重要设施花卉生产基地进行大量调查研究的基础上编写而成的。文字简明，通俗易懂，防治方法便于操作。在现场拍摄的病虫害生态照片，能够较充分地反映其危害特点和形态特征，并与文字描述相呼应，利于病害的诊断和害虫的识别。选入的病虫害种类具有一定的代表性，介绍的防治方法可以举一反三，推而广之。随着人们环境意识的增强，不断会有一些农药被限用、淘汰。因此要选用现实推广的高效、低毒、污染小的新农药。

受水平限制，书中舛误失当处，欢迎读者批评指正。

徐志华

2004年6月13日

于白鹿泉畔骆沂草堂

目　录

第一篇

设施花卉病虫害诊治简论

塑料小棚、中棚、大棚、日光温室和加温温室等设施花卉栽培，在人工保护条件下进行，与露地栽培的环境条件有明显区别，是一种独特的生态系统。适宜的温湿度，既有利于花卉的周年生产和供应，也为病虫害的发生和流行创造了良好的条件。随着设施花卉栽培的迅速发展，其病虫害种类显著增加，危害程度明显加重。

一、设施花卉病虫害发生特点

(1)土传病害、地下害虫严重。土壤是花卉根系生存的环境，又是多种病原菌、害虫越冬的场所。由于棚室保护地栽培的花卉，面积有限，品种较单一，轮作困难，常常连作，使残根、病根残留于土壤，病原不断积累增加，加之连作后土壤养分和土壤微生物失衡，常诱使病害发生；棚室土壤接受阳光直射后，温

仙客来

红笔凤梨

湿度又比露地高，利于病原菌迅速增殖；多种病原菌随病株残体或地下害虫在土壤中越冬比在露地安全，甚至可以周年发生，这些都使立枯病、枯萎病、根腐病、蝼蛄、蛴螬、金针虫、地老虎等危害根部的病虫害发生比较严重。另外，蜗牛、蛞蝓、鼠妇、马陆等有害生物也常发生较重。

(2)喜湿病害发生严重。棚室内湿度大，在寒冷季节、夜晚密闭保温条件下，空气相对湿度可达90%～100%，植株表面常有露珠，使多种木本、草本花卉的灰霉病、霜霉病、疫霉病、炭疽病等病害发生较严重。

(3)小型害虫危害剧烈。棚室内温暖的条件，不仅利于花卉的生长发育，也对病虫害的发生流行有利。设施花卉管理强度大，使大中型食叶、蛀干害虫以及一般的叶斑病类发生较少，危害较轻。而一些小型害虫，如蚜虫、介壳虫、叶

鹤望兰

蝴蝶兰

螨等可在露地越冬，又能在棚室继续生长繁殖的害虫，其发生危害呈上升趋势。在北方露地不能越冬，在温室可周年繁殖的白粉虱等，已成设施花卉的重要害虫之一。

(4)提供露地花卉新的病虫源。在自然状态下，一般病虫害都有停止或减缓危害的越冬越夏期，而在棚室保护地内很多病虫害则可周年发生，不仅使棚室内花卉受害严重，也成为露地花卉新的病虫来源，使露地花卉病虫害发生早而严重。随异地引进设施花卉而带入的病虫害，也增加了所在露地花卉的病虫害种类。

(5)生态系统极其脆弱，几乎没有自控能力可言，外来有害生物一旦侵入，极易成灾。但环境可控性强，又为病虫害防治提供了有利条件。

含 笑

花 烛

二、设施花卉病虫害防治对策

设施花卉病虫害的防治，应遵循病虫害防治的基本原理，实行“预防为主，综合治理”的方针，严格检疫，强化园艺管理措施，增强抗逆性，选栽抗病虫品种，科学使用农药等措施外，根据设施花卉病虫害发生特点，要特别注意如下几个方面：

(1)选用无病虫害优质壮苗。播种前对籽种、插条、种球等繁殖材料严格检疫，及时采用药物拌种浸种或温汤浸种等方法消毒，确保种苗不带病虫害。用敌克松、多菌灵、拌种双等农药拌种，或药液浸泡种球、插条或浸根杀死所带病菌。一些花卉的病害可用温汤浸种法防治，如唐菖蒲球茎用55℃温水浸泡30分钟可防治镰刀菌干腐病等。

(2)巧用生态调控法。每种病虫害对温湿度、土壤往往有不同的要求，利用棚室密闭、温湿度可调节的优点，创造不利于病虫害发生而有利于花卉生长的条件，从而达到防病治虫的目的。要及时通风换气，改善棚室内温湿度，尽量使花卉叶面不结露，一般温度20～25℃，空气相对湿度60%～70%可做到无水滴，可控制多种病虫情的发展。如多种花卉的灰霉病在15～21℃，相对湿度80%以上蔓延迅速。在灰霉病可能大发生前，放风控制湿度在50%以下，即可抑制该病。亦可高温闷棚不通风，将温度升至35～40℃，可抑制灰霉病、霜霉病、细菌性病害的发生。蚜虫类、叶螨类均喜比较干燥的环境，在蚜、螨类可能大发生时，亦可用高温闷棚，将棚内湿度提高至90%以上的方法加以抑制。有些棚室夏季休闲时，撤去覆盖物，将栽植床处于日晒雨淋下，对棚室内土壤进行高温消毒，减轻土传病害和地下害虫的基数，促进土壤微生物群落的平衡。

(3)积极采用生物防治法。在条件适宜时，尽量积极采用释放天敌昆虫，喷洒益菌防治病虫害。青霉菌可防治温室白粉虱。丽蚜小蜂内寄生白粉虱，当平均单株花卉有白粉虱1～2头，释放丽蚜小蜂2800头/667m^2，7～10天1次，连

马蹄莲

碧　桃

续2次，寄生率可达80%～90%。注意保护螳螂、草蛉、瓢虫、食蚜蝇等天敌。

(4)实行人工、物理、机械、引诱、驱避防治法。形体较大的害虫，可用人工捉拿。少量病叶、病枝，用人工剪除。利用一些害虫具有特殊趋性或驱避的特点，将其除治。蚜虫、白粉虱喜黄色，将木板涂成黄色，再刷上黄油，立于棚室周围或将瓦盆内壁涂成黄色并倒入清水，置于棚室周围。当有翅蚜或白粉虱飞向黄板或瓦盆时，即可将其粘住或淹死。蚜虫厌恶银灰色，在棚室周围挂一些银灰色塑料条，蚜虫即会远避而不侵入棚室。在切碎的鲜草上均匀拌以90%敌百虫晶体1000倍液，傍晚撒在植苗床上，可诱杀地老虎。对成虫有趋光性的害虫，可设置黑光灯诱杀。

大花蕙兰

斑马丽穗凤梨

如意素

(5)多用烟雾、熏蒸、喷粉、土壤消毒法。对疫病、灰霉病等用45%百菌清烟雾剂或10%速克灵烟雾剂，200g/677m^2，或3%涕必灵烟剂0.5g/m^3，分散置于棚室内，用暗火点燃，冒烟后闭棚24小时，每7～10天施放烟剂1次，共放2～3次，可收到显著效果。注意烟剂不要放在易燃物旁，以防失火。对鳞翅目食叶害虫可燃放712烟剂。对钻蛀性害虫，可熏蒸，用溴甲烷或硫酰氟30～50g/m^3，密封24小时，或用磷化铝70g/m^3，密封72小时。在防治病虫害的适

百 合

火炬果子曼

银苞芋

用农药中，有粉剂的选用粉剂，用喷粉法施药，而不选用乳油喷雾。施药用丰收5型或丰收10型喷粉器，去掉鱼尾罩，喷粉量调至200g/分，摇柄速度调至30～50转/分，于傍晚喷粉，退行作业，然后封闭棚室，每7～10天施用1次，共喷2～3次。对地下害虫和土传病害，按不同病虫种类，土壤撒施或浇灌相应的农药进行防治。

(6)适当使用喷雾防治法。棚室湿室大，植株表面常有露水或棚室滴水，喷

红 狮

杜 鹃

雾法往往效果不好或易产生药害。只有在室外温度适宜，棚室放风后室内湿室小，天气晴朗的上午，采用喷雾法防治病虫害。

(7)搞好棚室内外卫生。病叶、落叶、枯枝、病残枝，以及园艺作业剪下的枝叶等废弃物，要随即装入塑料袋；起苗后捡净残根。这些都要携出棚室，集中深埋。不要在棚室附近堆放未经腐熟的有机肥。施用的有机肥要在远离棚室处高温沤制，充分腐熟。有机肥沤制时至少要掺入1/5的牛马粪，以利发酵。不要利用培养蘑菇后的培养基残渣作为肥料。如用，必须高温沤制，以杀死培养中的菌丝体和孢子。彻底清除棚室附近杂草以及其他病虫害滋生场所。

(8)讲究栽培管理技术。要根据花卉不同生物学特征，采用适应的栽培管理措施：栽培营养土要在栽种前曝晒或用农药处理，杀死病菌和害虫；花木种植、摆放不要过密；合理轮作倒茬；采用高畦栽培、软管滴灌技术，不用大水漫灌；浇水时间，春秋季应在10：00～15：00，夏季在早晨，冬季在中午前后进行，浇水后通风排湿；选用透光率高、保温性能好、内壁冷凝水滴少的无滴膜，或除雾聚氯乙烯膜覆盖；及时修补破损薄膜；高温季节覆盖遮阳网；创造条件，实行无土栽培等。

第二篇
设施花卉常见病害诊治

一叶兰叶斑病

一叶兰自然分布区和引种区都有发生，危害叶片，降低观赏价值。

症　状受害叶面初生水渍状小型坏死斑，后逐渐扩展为直径2～3mm的褐色病斑，周围有黄色晕圈。

发病规律 病原为真菌，枝顶孢霉。病原菌以菌丝体在病叶或落地病残体越冬，春夏秋三季都可发病。北方温室或有暖气的居室内冬季可见病斑扩展。

防治方法

(1)彻底清除严重病叶，集中深埋。

(2)发病初期喷洒1∶1∶200波尔多液或50%混杀硫悬浮剂500倍液、75%百菌清可湿性粉剂500倍液、40%多·硫悬浮剂600倍液、77%可杀得可湿性粉剂500倍液、50%琥胶肥酸铜(DT)可湿性粉剂400～500倍液等，每10天喷1次，共喷1～2次。

一叶兰叶斑病

一串红疫霉病

一串红栽培区都有发生，危害一串红、鸡冠花、菊花等的茎、枝、叶、花，造成叶、花腐烂。

症　状 病斑常发生于茎和枝上，在距地面20cm以下的茎节或分杈处出现水渍状暗绿色不规则斑，并逐渐向上扩展，后期病斑变为黑褐色，在茎顶端或中部出现大块黑色斑，严重时全株变为黑色。叶片、花器被害亦出现水渍状斑，湿度大时病部产生白色霉状物。

发病规律　病原为管毛生物，寄生疫霉。病原菌以卵孢子、厚垣孢子或菌丝体随病组织在土壤中越冬，厚垣孢子在土壤中可存活多年。一般温度较高，雨水多湿度大的环境易于发病。地势低洼、积水、盆花摆置过密、通风不良常诱发此病，蔓延成灾。温室、大棚内湿度大、通风不良，易发病。北方露地花卉7～9月都可发病，温室大棚内冬春亦可发病。

一串红疫霉病，症状Ⅰ

一串红疫霉病，症状Ⅱ

防治方法

(1)加强栽培管理，特别要注意通风透光，雨季注意排水，栽植不要过密。温室、大棚要适时排湿，防止湿度过大。

(2)及时拔除重病株。

(3)经常检查，于发病初期喷药防治，可选用：25% 瑞毒霉可湿性粉剂1800倍液、65%代森锌可湿性粉剂600倍液、75% 百菌清可湿性粉剂 700 倍液、64% 杀毒矾可湿性粉剂 500 倍液等，每10天喷1次，连喷2～3次。

一品红褐斑病

福建、广东、广西、江西、河北等地都有分布，主要危害叶片，造成叶片早落，枝条光秃，降低观赏价值。

症 状 感病叶片常在叶脉间的叶肉组织或者叶缘开始发病，病斑初为褐色小点，渐扩大为不规则形至长条形，黄褐至黑褐色。天气潮湿时，病斑表面长出黑色霉状物，即为病原菌的分生孢子梗和分生孢子。1个叶片上可生多个病斑。坏死的病叶卷曲变脆。

发病规律 病原为真菌，尾孢霉。病原菌以菌丝体在病落叶上越冬，翌春温湿度适宜时产生分生孢子，借风雨等传播，自气孔侵入。生长季节多次进行再侵染。在北京地区4～8月较常见。一般老叶比嫩叶受害较重。冬季移入

一品红褐斑病

室内的盆栽植株，冬季可继续发病。

防治方法

(1)加强花圃管理。注意排水，合理剪截，枝条不要过密，增施有机肥。

(2)经常检查，及时清除落叶，尤其是秋后，将其集中深埋。

(3)药剂防治。发病初期选喷25%络氨铜水剂、77%可杀得可湿性粉剂、75%百菌清可湿性粉剂800倍液、50%混杀硫悬浮剂500倍液、70%甲基硫菌灵超微可湿性粉剂1000倍液等，每10天喷1次，共喷2～3次。

人参果缺铁症

症　状　北京等人参果栽培区都有发生。先是顶部嫩叶叶肉失绿变黄，叶脉及叶脉附近尚保持绿色，叶片呈绿色网纹状，叶片较正常叶小。随病情加重失绿黄化程度愈加发展，随后整叶变为黄白色，叶片边缘开始出现褐色焦枯斑。严重时整叶片焦枯脱落，顶芽枯死，削弱生长势，结果少，降低观赏价值。

人参果缺铁症

发病规律　非寄生性病害，缺铁。土壤中一般不缺铁，但在盐碱含量较高的地区，土壤大量可溶性能被植物吸收的二价铁被转化为不溶性不可被植物吸收利用的三价铁，因而使植株表现缺铁。北方盆栽植株缺铁，主要是因为长时间浇灌带有碱性的水又不每年换盆所致。土壤碱性越大，症状表现愈快愈明显。

防治方法

(1)设施栽培时，选用排水良好、富含腐殖质的中性至偏酸性土壤，避开地势低洼、排水不良、黏重的土壤。

(2)盆栽时，可浇腐叶水，即割取植物，最好是菊科植物健康、新鲜的叶、茎，放入容器内的淘米水中，置于阳光下沤泡30天，使其腐熟，汲取其汁水浇花，既可补充营养，又能降低土壤pH值，一举两得。

(3)施用硫酸亚铁(黑矾)。展叶后，叶面喷洒0.3%硫酸亚铁溶液，或根部浇灌0.5%硫酸亚铁水溶液。

八仙花病毒病

又名锈球病毒病、八仙花花叶病。北京、河南、河北等地零星发现。危害八仙花，使其植株矮小，花小而色淡，降低观赏价值。有的地方园艺栽培观赏其病态美，称为斑叶八仙花。

症　状　系统性病害，感病植株，全株瘦弱，枝、叶、花穗的色淡，呈现

八仙花病毒病，症状 I

八仙花病毒病，症状 II

一层淡粉白色覆盖下的淡绿色；叶片在粉绿色中杂有形状不规则的粉白色斑块，斑块界限明显，被叶脉分隔；叶缘白色。早春和冬季棚室内病叶绿、白分明，夏季高温到来后颜色反差变小。

发病规律　病毒病害。零星发病，花圃内靠插条繁殖扩散。

防治方法

(1)严格检疫，防止扩散蔓延。

(2)不以病株为母树进行压条、分株或采条扦插繁殖。如作观赏，可专门设圃繁殖病株，但应严格控制范围。

八仙花灰霉病

浙江、上海、江苏、河北、北京等八仙花原产区、引种区都有不同程度的发生。危害八仙花、月季、石榴、碧桃等多种花木的花、花蕾、嫩梢，造成被害部变软腐败，降低观赏价值。

症　状　病斑主要发生在花上，初在花瓣上产生水渍状不规则小斑，后逐渐扩大，可蔓及整个花冠和花序。花蕾被害，亦产生不规则水渍状小斑，可扩大至整个花蕾，最后花蕾变软腐败，不能开放。嫩梢被害后，初为水渍状不规则小点，渐扩大至新梢和嫩叶腐败。在温暖潮湿的环境条件，后期病部表面均产生大量灰色霉层。

发病规律　病原为真菌，灰葡萄孢。病原菌主要以菌核以及分生孢子在病花、病梢、病叶等病组织残体上越冬。翌春温度回升，遇雨或湿度大时，自菌核上产生分生孢子，或者其他寄

八仙花灰霉病，梗受害状

主病部位产生的分生孢子，借气流传到八仙花上很快萌发侵染。北方温室、大棚的八仙花，病原主要来自上一年的病组织残体，5月上、中旬的花期即开始发病。栽植过密，多雨潮湿和凉爽的天气，以及偏施氮肥或者光照不足，长势弱，都易于病害的发生和流行。高温、干燥的条件对病害的发生不利。

防治方法

(1)清洁花圃。平时注意保持保护地的卫生，发现病花、病梢及时剪除，随时清扫地面的植株残体等，集中深埋。入冬后彻底清扫保护地及其附近的落叶等残体，集中深埋，不得随意抛弃。

(2)加强栽培管理，增强抗病性。栽植密度适当，以利通风透光。注意增施磷、钾肥，避免偏施氮肥。棚室内注意保持适宜的温湿度，温度偏低时，要封棚增温，将温度提高至31～33℃；湿度大时，要放气排湿，创造不利于病害发生的条件。

(3)药剂防治。在有发病历史的棚室，花前喷洒1～2次药剂预防，可选用50%扑海因可湿性粉剂1500倍液或70%甲基硫菌灵可湿性粉剂1000倍液等。花期视病情喷药1～2次，可选用65%抗霉灵可湿性粉剂1500倍液、50%多霉灵可湿性粉剂1800倍液、36%甲基硫菌灵悬浮剂800倍液等。

八仙花灰霉病，花受害状

八仙花叶斑病

又名绣球炭疽病。河南、湖北、四川、河北等栽培区都有分布。危害八仙花的叶和花，是八仙花的一种重要病害。

症 状 叶片被侵染后，初在叶面产生针头大小的红色小点，后扩展为圆形、近圆形病斑，直径2～10mm。病斑中央淡褐或灰白色，边缘紫红色。后期病斑上产生许多小黑点，即为病原菌的分生孢子盘。花瓣被侵染后，产生褐色小圆斑。

八仙花叶斑病，症状 I

发病规律 病原为真菌，绣球刺盘孢。病菌以菌丝体在病叶中越冬，翌春产生分在孢子，借风雨传播，侵染八仙花新叶，引起初传染。之后病部产生分生孢子，在整个生长季节不断进行再侵染，高湿是发病的重要条件，一般以6月下旬到9月中、下旬发病较重。

防治方法

八仙花叶斑病，症状 II

万年青炭疽病，症状 I

万年青炭疽病，症状 II

(1)加强栽培管理，促进健壮生长，增强植株抗病性。

(2)剪除重病叶，及时清扫病落叶，集中深埋。

(3)发病初期喷洒 77% 可杀得可湿性粉剂或 70% 甲基硫菌灵可湿性粉剂 1000 倍液、80% 炭疽福美可湿性粉剂 800 倍液、50% 苯菌灵可湿性粉剂 1500 倍液、50% 凯克星可湿性粉剂 500～600 倍液、50% 福美双可湿性粉剂 500 倍液等。隔 10～15 天喷 1 次，视病情喷 2～3 次。

万年青炭疽病

我国南、北各栽培区都有发生，危害万年青、金边万年青等多种花卉。

症　状　叶缘、叶尖或叶面上生出半圆形、不规则形或椭圆形病斑，边缘暗褐色，中间颜色较浅，后期轮生许多小黑点。

发病规律　病原为真菌，万年青刺盘孢。遭受沥涝、土壤黏重、排水不良、湿度大、伤口多，或严重干旱、瘠薄、长势弱等，常诱发该病。

防治方法

(1)加强园艺技术措施，促进健康生长，增强抗病性。万年青喜温暖湿润气候，忌干旱，可耐 −8℃左右低温和霜冻，但忌严寒，三北地区只宜室内栽培，但忌暑热。喜弱光，较耐荫蔽，适生于半阴地，夏秋忌烈日直射，冬季宜在阳光下生长。喜湿润肥沃、排水良好微酸性砂壤土。种子或分株繁殖。

(2)少量叶片发病可剪除病叶，或仅将病部剪除。

(3)发病株数较多、面积较大时，喷药防治，可选用 2% 抗霉菌素 200 倍液、75% 百菌清可湿性粉剂 600 倍液、50% 退菌特可湿性粉剂 800 倍液等。

口红吊兰叶斑病

北京、河北等口红吊兰的引种区时有发生，主要危害口红吊兰的叶片，严重时造成叶片早期脱落。

症　状　感病叶片叶缘、叶尖或叶中部生出半椭圆形或不规则形病斑，边缘紫褐色，中间灰白色，后期病斑上大体轮生许多小黑点。

发病规律　病原为真菌，刺盘孢。露地植株病原菌在病部以菌丝体越冬，温室内可周年发生。多侵染老叶，幼嫩叶片很少发病。该病多见于温室栽培的植株。

防治方法

(1)注意清除病源。及时摘除病叶，将其集中深埋。

(2)加强水肥土管理，促进健壮生长，增强抗病性。

(3)发病初期喷药防治。可选喷84.1%好宝多可湿性粉剂、50%敌菌灵可湿性粉剂、75%百菌清可湿性粉剂等，每15天喷1次，连喷2～3次。

山茶灰斑病

又名山茶轮斑病、山茶轮纹病、山茶脱节病。各栽培区都有发生，为山茶常见病害，亦危害木兰、柿、梨等，主要危害其叶片，亦危害新梢。

症　状　叶上病斑主要发生于成叶及老叶上，初为黄绿色小点，渐扩大为近圆形、半圆形，褐色，1～2cm大小的病斑，并可相互连合成更大的斑，病斑中心颜色灰白色，边缘深褐色。后期病斑上生出许多小黑点，严重时叶片脱落。发生于新梢时，初期新梢呈褐色，长条状，水渍状，边缘明显，后渐萎缩凹陷，不连续纵裂成溃疡斑，最后病梢脱落，故又称脱节病。

发病规律　病原为真菌，茶褐斑盘多毛孢。病原菌为弱寄生菌，以菌丝体或分生孢子在病组织内越冬，翌春条件适宜时产生分生孢子，借风雨传播，多自长势弱有伤口的成叶、老叶的

口红吊兰叶斑病，症状Ⅰ

口红吊兰叶斑病，症状Ⅱ

山茶灰斑病

叶尖、叶缘侵入。4～10月都可发病，而以高温高湿、易发生日灼伤的夏季发病重。盆栽花放置过密，管理不当，长势弱时发病常重。

防治方法

(1)加强栽培管理，增强抗病性。及时中耕锄草，施用有机肥，增施磷钾肥。经常清除地面落叶，摘除病叶，集中深埋。秋后将表土翻入地下。

(2)及时喷药防治。抓住两个关键时期，一是春季新叶发出后，二是6～7月发病严重期。可选用30%王铜悬浮剂、50%退菌特可湿性粉剂、70%甲基硫菌灵超微可湿性粉剂等，每10～15天喷1次，连喷2～3次。

马蹄莲褐斑病

我国各地均有发生，危害马蹄莲、红花马蹄莲、银星马蹄莲、黄花马蹄莲等，发病严重时，可致叶片提前枯萎，降低观赏价值，为马蹄莲常见病害。

症 状 叶片被侵染后，产生淡褐色至黄褐色、椭圆形、近圆形或不规则形的病斑，后期病斑中央生许多黑色小霉点，有时破裂。

发病规律 病原为真菌，交链孢。病菌在病叶残体中越冬。夏季荫棚内温度高湿度大时，利于病害蔓延，以7～10月发病最重，入秋后逐渐停止发病。温室内通风不良，养护条件差时，可周年发病。

防治方法

(1)强化园艺技术管理。马蹄莲喜温暖、喜肥水，喜光照；稍耐寒，耐半荫，忌干旱。生长适温为15～25℃，可耐4℃低温。生长期肥水要充足，施肥时肥水不要流入叶柄，以防烂叶，如不慎流入要用清水冲洗。夏季炎热植株休眠应控制浇水。秋季分球或播种繁殖。

马蹄莲褐斑病

(2)保持花圃清洁卫生。发现枯叶、病叶及时摘除集中深埋，不要随地丢弃。

(3)发病初期喷洒36%甲基硫菌灵悬浮剂500～600倍液、30%绿得保胶悬剂300～500倍液等，每15天左右喷1次，连喷2～3次。

丹尼松万代兰叶斑病

各栽培区时有发生，危害丹尼松万代兰、春秋万代兰、纯色万代兰等多种兰花的叶片，降低观赏价值。

症　状　叶片上生出近椭圆形病斑，边缘褐色，中间色浅，后期病斑上生出许多小黑点。

发病规律　病原为真菌，刺盘孢。植株生长势弱，叶部有伤，易发病。

防治方法

(1)万代兰喜高温、强光和空气湿度高的环境，耐旱性亦较强。比其他兰类喜光照，除夏季外，春、秋、冬季可直接日照，生长甚佳。小苗、中苗要遮去20%～40%的光。生长适温为18～35℃，24～30℃最利于生长和开花。小苗在10℃以下要防寒。种植盆用木块、碎砖块作底垫物，量要大，保持通气良好，使根部充分暴露在空气中，空气湿度要大。用少量迟效性肥作基肥，生长季节每15%天喷施1次稀的速效肥，秋冬增施磷钾肥，促进花芽分化和开花。

(2)园艺作业时注意保护植株，防止产生各种伤口。

(3)于发病初期选喷50%退菌特可湿性粉剂500倍液、75%百菌清可湿性粉剂600倍液等，每10天喷1次，连喷2～3次。

天竺葵灰霉病

又名洋锈球灰霉病。上海、江苏、北京、河北等地都有发生。危害天竺葵等多种花木，造成叶片、嫩梢、花器腐烂，大大降低观赏和经济价值。

症　状　主要危害天竺葵的幼嫩花穗、叶片及嫩梢。感病初期病部呈现淡褐色水渍状、不规则形病斑，后很快变为暗褐色，被害部软腐。空气湿度大时，病部生出浅灰色霉层，即为病原菌的分生孢子梗和分生孢子。如遇晴天

丹尼松万代兰叶斑病

天竺葵灰霉病，病叶上的灰色霉层

空气干燥，则病部很快失水干枯。

发病规律 病原为真菌，灰葡萄孢。病菌主要以菌核及分生孢子在植株病部或落地病残体上越冬，抗逆性强，翌春温度回升，遇湿度大时自菌核上产生分生孢子，或者附近其他寄主上的越冬病原产生分生孢子，借气流传播侵染新生叶片等植株器官，发病后产生分生孢子进行再侵染。南方及北方的温室大棚内无明显的越冬现象。温度较低、湿度大、病原积累多，发病往往严重，可在短期内造成温室大棚内多种花卉严重发病。

防治方法

(1)搞好花圃卫生是防治该病的根本。在花圃内经常检查，发现病叶应于早晨露水未干时摘除，集中放入塑料袋内深埋。

(2)调控棚室温度，注意通风透光，创造不利于病害发生的环境条件。

(3)发病初期喷药防治。可选用77%可杀得可湿性粉剂、50%扑海因可湿性粉剂、70%甲基硫菌灵超微可湿性粉剂、50%农利灵可湿性粉剂等。

月季灰霉病

月季栽培区都有不同程度发生。据在河北石家庄某温室调查，100m^{2}面积内的月季扦插苗无一株幸免。

症 状 危害月季的叶、花蕾、花冠、嫩梢。叶片受害，初在叶缘或叶尖发生水渍状淡褐色斑点，稍有下陷，后扩大腐烂。花蕾受害，在萼片、花瓣上

月季灰霉病，症状Ⅰ

产生灰黑色病斑，轻者开出畸形花，重者花蕾变褐枯死，不能开放。花开放后染病，轻的部分花瓣变褐枯死，重的整朵花变褐腐败。有时病菌可侵染折花后的枝端，向下蔓延，引起数厘米枝条枯死。受害病部，尤其是花朵，遇潮湿天气，其上长满灰黑色的霉层。

发病规律 病原为真菌，灰葡萄孢。病菌的菌丝体、菌核或分生孢子在病部越冬，翌春产生分生孢子，借风雨传播，自伤口、气孔、皮孔侵入。温暖、湿度大利于发病。温室内湿度大、通风不良、植株过密等发病常重。凋谢的花和花梗不及时剪除时，这些腐败组织可先染病，成为健康花、叶等的侵染源。凉爽、空气湿度较低的环境不利于病害的发生。

防治方法

(1)清除病部，减少侵染源。在花圃经常检查，发现病花、病叶、病梢及时剪除销毁。花凋谢后，即自花梗下

2～3片叶壮芽处剪下，带出圃地集中销毁，不要随地遗弃。

(2)温室适当通气，不要湿度过大，植株不要过密，盆间适当留有距离，以利作业和通风降温。浇水时不要自上方喷淋，要自盆沿浇水，以免花、叶滞留水分，利于发病。切花应于晴天进行，以利伤口愈和。

(3)药剂防治。经常检查，于发病初期喷洒56%靠山水分散粒剂、25%络氨铜水剂，每15天喷洒1次，连续喷2次。温室栽培，可选用烟雾法，即用45%百菌清烟剂250g/667m^2，或10%速克灵烟剂250g/667m^{2}等，各熏3～4小时；或选用粉尘法，用10%杀霉灵粉尘剂、10%灭克粉尘剂或5%百菌清粉尘剂等，用量1000g/667m^2，10天用1次，连续用2～3次。

月季霜霉病

北京、上海、河北石家庄、江苏南京等地时有发生，个别花圃较为严重，可致新梢腐败枯死，叶片萎缩脱落，是温室月季的重要病害之一。该病仅危害月季和蔷薇属植物。

症　状　该病危害月季的嫩梢、叶片、花梗及花。发病初期，叶面出现不规则的淡绿色斑纹，渐扩大呈黄褐色或暗紫色病斑，后为灰褐色，边缘色较深，与健康组织界限不甚明显，最后因组织失水而引起叶片扭曲。空气湿度大时，病叶背面出现稀疏的灰白色霜霉层。小叶受害常变黄，其上可见到直径约1mm的绿岛。有的病斑为紫红色，中心为灰白色，似化肥、农药灼烧

月季灰霉病，症状II

月季霜霉病，病株

月季霜霉病，病叶

状。新梢和花被侵染后病斑与叶片上的病斑相似，仅嫩稍上病斑稍凹陷。严重时叶片萎黄脱落，新梢溃烂枯死。

发病规律 病原为管毛生物，蔷薇霜霉菌。病原菌常以菌丝体，有时以卵孢子在病组织中越冬、越夏。菌丝体在茎干病组织内可多年生存，在条件适宜时形成孢子囊产生孢囊孢子蔓延侵染。孢子囊在18℃水中4小时即可萌发，低于4℃或高于27℃则不萌发。该病主要在温室中发生，在3～4月和11月由于气温较低，当相对湿度达到90%以上、植株表面有水滴时，极易发生和蔓延。通风不良，植株过密，空气和土壤的湿度大，氮肥过量时发病常重。植株过密、通风不良的露地月季有时亦见发病。

防治方法

(1)加强湿度管理。温室、大棚内要定时观察，注意通风降湿，保持通风良好，将相对湿度控制在85%以下。浇水要适当，不要过大，避免用水自植株上方喷淋，创造不利于发病的条件。

(2)及时清除病叶、病花，剪除病茎，集中深埋。

(3)药剂防治。发病初期喷洒1∶1∶200波尔多液，每15天喷1次，连喷2～3次，可控制病情。或喷洒25%瑞毒霉可湿性粉剂800倍液、60%杀毒矾400倍液、50%琥胶肥酸铜可湿性粉剂500倍液、65%代森锌可湿性粉剂600倍液等。

月季冠瘿病

又名月季根癌病。我国长江流域及北方各地都有发生，而以河南、安徽、河北、江苏等地发生较重。病株表现生长不良，逐年衰弱，叶小、叶片提前发黄脱落，花也小而弱，重者濒于死亡。该病除危害月季外，尚危害梅花、樱花、榆叶梅、丁香、苹果、梨、杨、大丽花、菊、天竺葵等多种木本和草本观赏植物。

症 状 危害植株的根、根颈、枝干，在感病部位形成大小不等的肿瘤，小的直径1～2mm，大的直径可达20cm。初期肿瘤灰白色或黄白色，表面光滑，质地柔软，逐渐变为深褐色，表面粗糙、龟裂，质地坚硬。植株表现萎黄，叶片稀疏、小而早落，生长迟缓，花小而少，严重时全株枯死。

发病规律 病原为细菌中的癌肿野杆菌。病菌在肿瘤组织的皮层内或依附病残根在土壤中越冬，在土壤中最多可存活2年，借助于灌溉水、雨水或田间作业携带泥土而传播。嫁接工具、田间作业机具、地下害虫、线虫等也有一定的传播作用。远距离传播主要靠病苗的调运。通过伤口，如虫伤、嫁接、修剪等伤口侵入。潜育期几周至1年以上。土壤偏碱、黏性大、排水不良，易于发病，而排水良好的偏酸性砂壤土不利于发病。劈接、切接时伤口较大，愈合慢，与土壤接触时间较长，一般比芽接发病率高。

防治方法

(1)苗木严格检疫。在起苗、过数、打捆、栽植过程中注意检查，发现病苗捡出销毁。对可疑病苗，可能被病菌污染的苗木，于栽植前进行消毒处理，可选用：0.1%高锰酸钾或1%硫酸铜液浸泡10分钟后用清水冲洗，或0.0001%～0.0002%链霉素（土霉素、青霉素亦可）浸根20～30分钟，然后栽植。

(2)加强栽培管理。苗圃地选择未感染根癌病的地块，土壤疏松、肥沃、排水良好，避免选用pH值高的碱性土壤。如圃地已感染病菌，起苗后应捡净土壤内残根，施用硫酸亚铁或硫磺粉75～225kg/hm^{2}消毒，并用不感病的农作物轮作2年。多施有机肥，增施磷钾肥，促进根系生长发育。注意防寒防冻，防治地下害虫，田间作业避免产生各种伤口。

(3)嫁接繁殖时，从母树较高部位采集接穗，并用芽接法嫁接，嫁接刀具要用75%酒精浸泡15分钟以上消毒。

(4)珍稀品种染病后，用锋利刀具将肿瘤切除，伤口用1%硫酸铜液、5°Be石硫合剂或80%“402”抗菌剂乳油50倍液等涂抹消毒，再涂波尔多浆保护。亦可用甲冰碘液（甲醇50：冰醋酸25：碘片12混合制成）涂沫消毒，或浸入0.0001%～0.0002%链霉素液中20～30分钟消毒，亦可涂抹石灰乳（生石灰4：水1）。

(5)生物防治。用放线土壤杆菌

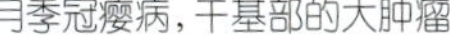

月季冠瘿病，干基部的大肿瘤

月季冠瘿病，一条细根上的巨大肿瘤

月季绿瓣病，花萼变叶状

K84 的悬浮液，浓度为 1×10^6 单位（个）/ml，浸根、涂伤口。

月季绿瓣病

又名月季绿变病。河北、山东、江苏、北京、上海等地均有发现。病株代谢因体内过氧化物同工酶的活性显著降低，而受到严重干扰。但因具有特殊的观赏价值，在园艺上则被视为名贵品种："绿萼"。

症　状　总的表现为花器叶化、变绿，花瓣窄细，呈绿色的萼片或叶片状；花多，侧枝繁生，开花累累，春季开花历久不衰，但夏季高温时花期短，不过数日，稍一触动，花瓣即脱落。叶较正常窄小，有时叶柄呈红色；病株较健株矮小，嫩茎有时呈红色。如症状较轻时，仅表现为花萼变为柳叶状；外围花瓣变绿，畸形，叶片状不明显。

发病规律　病原为植物菌原体。病原物生存于植株活体内，通过嫁接传染，通过扦插繁殖而扩散。远距离传播主要靠病苗调运。

月季绿瓣病，花瓣变为绿色，花萼变柳叶状

防治方法

(1)作为园艺品种栽培时，严格控制范围。

(2)一般生产中不从病株上采集繁殖材料。

(3)及时防治可能传染该病的月季长管蚜等刺吸式口器害虫。

凤仙花根腐病

凤仙花栽培区都有发生，可造成植株死亡。

症　状　主要侵染凤仙花根颈及其以下部位，初生灰褐色病斑，后迅速扩大，使根部稍肿大，变为黑褐色腐烂；根颈部组织腐烂后失水而显皱缩。地上部分表现为病株突然萎蔫，并逐渐加剧，似暂时缺水状，但浇水后不可逆转。

发病规律　病原为真菌，拟黑根霉。病原菌随病株残体在土壤中越冬。土壤过湿、温度高、植株过密、通风不

凤仙花根腐病

良的环境都有利于病害的发生。一般7～8月份发病较重。

防治方法

(1)加强栽培管理。凤仙花应栽植于阳光充足和肥沃疏松、排水良好并呈中性至微酸性的土壤，并要通风良好。不要种植于半阴或较湿处，以免徒长、倒伏、开花不良。

(2)花圃内要保持卫生，及时清除残叶，施用充分腐熟的有机肥，适当多施钾肥，以促发新根防止烂根。

(3)发现全株萎蔫的病株，要及时连根带周围土壤一起挖除另处深埋，并对原土坑浇灌1%硫酸铜液消毒，晾晒7天后再补植；如是盆栽，病株盆土应废弃不用，对花盆用1%硫酸铜液浸泡1小时消毒后，在阳光下曝晒7天再换新土栽植。

凤仙花绿瓣病

又名指甲花绿变病，江苏、安徽、河北、北京等地零星分布。主要危害凤仙花的花器，使其失去正常的观赏价值。

症　状　受害植株主要表现为花变叶，即花瓣由正常的粉红色变为绿色，细长似叶；有的花瓣变为叶状，仅保留少量红色。当年新株开花后即表现症状。夏季高温季节花期较正常为短，花冠内层花瓣很快变褐枯死脱落。在同样栽培管理条件下，病株较健株矮小，叶片常自边缘上卷，不平展；小枝较多，叶片较小。

凤仙花绿瓣病，症状Ⅰ

凤仙花绿瓣病，症状 II

发病规律　病原为植物菌原体。在花圃内零星分布，常是典型症状与过渡型症状同时出现。凤仙花为一年生草本花卉，种子繁殖，当年新株开花后即表现症状，是否为种子带病，待定。

防治方法

(1)加强检疫，发现病株销毁，防止扩散。

(2)病株的花变叶，因而具有特殊的观赏价值，如作园艺品种栽培，应控制范围。

风信子根腐病

风信子栽培区时有发生，危害风信子等花卉，造成根部腐烂。

症　状　植株受害后长势衰弱、矮化，不能正常开花，掘开土壤，可见球茎上大部或全部根腐烂。

发病规律　病原为镰刀菌，属真菌。病菌在病株残体越冬，通过雨水、灌溉水、田间园艺作业等传播。

防治方法

(1)加强栽培管理。风信子喜凉爽不耐寒，宜湿润及阳光充足环境。喜肥，要求富含腐殖质、排水良好的砂壤土。秋季发根萌芽，早春抽叶开花，盛夏茎叶枯黄，鳞茎休眠分化花芽。秋季分球繁殖。华北地区选择避风向阳的环境种植，冬季稍覆盖可越冬。栽前施足基肥，花前追肥，后期节制肥水，夏季休眠后起出球贮于干燥、

风信子根腐病

凉爽、通风处。

(2)不用有病鳞茎种植，病株的盆土应换去，用无病土种植，亦可用敌克松消毒土壤。

(3)用50%苯来特可湿性粉剂800倍液等浸泡种子进行消毒。

文竹枝枯病

文竹栽培区都有发生。危害文竹的小枝，造成小枝枯死，妨碍生长，影响观赏。

症　状　发生在小枝上，病斑初为纺锤形，后向上、向下扩展，当病斑环绕小枝一周，其上部枯死，枝、叶变为浅褐色，叶片脱落，枯枝则由浅褐色变为灰白色，其上密生小黑点，即为病原菌的分生孢子器。

文竹枝枯病

发病规律　病原为真菌，茎点霉。病菌以分生孢子器在植株病枝上越冬。翌春温湿条件适宜时，散发出分生孢子，借风雨传播侵染危害，多侵染生长势衰弱的小枝。7～11月均可发病。遮荫过度、阳光照射强烈、水肥失调等导致生长衰弱时发病常重。该病常见侵染茎蔓性的文竹，尚未见侵染其变种矮化文竹。

防治方法

(1)加强管理，促进健壮生长，是防治该病的根本性措施。文竹喜凉爽的夏季环境，冬季喜温暖湿润。不耐寒，不耐旱，不耐涝，喜半阴，忌阳光直射。要求排水良好，富含腐殖质的砂壤土。采用播种或分根繁殖。盆栽文竹宜置于室内通风明亮处，或阳台上半阴处，生出的蔓性长枝应设立支架支撑。生长期间注意增施氮钾肥。冬季停止施肥，控制浇水，室温保持10～15℃。留种株要用大盆栽植，花前增施磷肥（过磷酸钙或骨粉），促进结实。

(2)发现病枝及时剪除，并捡净地面的枯枝落叶，集中深埋于异地。

(3)发病初期喷药防治，可选用：0.2°Be石硫合剂、56%靠山水分散粒剂、50%退菌特可湿性粉剂700倍液等，每10天左右喷1次，连喷2～3次。

水仙干腐病

水仙干腐病

各栽培区都有不同程度发生，危害百合科、葱科的天门冬属、风信子属、水仙属、唐菖蒲属、小苍兰属植物。轻者致使植株矮化、叶片短小或变为浅黄绿色，病重时根很少或者无根，不久枯死。

症　状　该病在田间、贮藏期或远途运输中均可发生。可侵染叶、鳞茎。叶上，初为小而不规则的褐色病斑，后即扩大，病斑干燥，后期病部表面生白色或粉红色霉层。鳞茎发病，初自根盘部位出现褐色斑，逐渐向上部扩展，侵入鳞片，造成鳞片腐烂，并出现白色霉层，鳞片容易被剥离。在抗病品种中，病害发展较慢，腐烂呈条状，深褐色或紫褐色。贮藏期鳞茎根部开始变褐、腐败，后期肉质部干腐，海绵状剥离，有时干燥后坚硬。贮藏期发病较轻的鳞茎种植后，长出的植株较矮、叶短、叶色淡，很少或无根，不开花，很快枯死。

发病规律　病原为真菌中的镰刀菌。病菌在病残体或依附病残体在土中越冬。水仙挖掘损伤多，易发病。贮藏场所通风不良，温度24～27℃，易发病。连作以及种植有病鳞茎，病重。

防治方法

(1)挖掘、贮藏和种植时，仔细检查，剔除病重鳞茎并将其带出栽植地深埋；发病较轻的剥去发病腐烂鳞片，

孔雀竹芋叶斑病，症状Ⅰ

将鳞茎用温度为43℃的1%福尔马林液浸泡15分钟或浸于50%苯来特1000～1500倍液20～30分钟杀菌。病鳞片应带出栽植地深埋。

(2)在水仙鳞茎的掘取、分级、运输过程中避免产生各种伤口，并迅速晾晒，贮藏于阴凉、干燥、通风的场所。

(3)种植时，如发现鳞片腐烂，除将其剥除并深埋外，还应将鳞茎用药液浸泡杀菌，药液可选用：50%苯来特1000～1200倍液浸20～30分钟，温度为43℃的1%福尔马林液浸30分钟等。

孔雀竹芋叶斑病

栽培、引种区时有发生，危害孔雀竹芋、女王竹芋、银羽竹芋、大饰叶肖竹芋、红背竹芋、桃羽竹芋、彩虹竹芋等。

症　状　叶片上生黄褐色近圆形或相连成不规则形病斑，其外围有晕圈。

发病规律　病原为真菌，德氏霉。

防治方法

(1)加强栽培管理。竹芋类喜温暖多湿以及半阴环境，不耐寒冷。生长适温为20～30℃，气温小于7℃或大于35℃均不利生长，夏季阳光直射易灼伤叶片，空气湿度高利于叶片舒展。宜用疏松肥沃排水良好的土壤。一般泥炭土与腐叶土等量混合即可。生长季节要充分浇水，保持盆土湿润，但不能过湿积水，否则易烂根，甚至全株死亡。虽喜于低光度或荫蔽下生长，但也不宜长期置于室内、过阴不见阳光，秋冬季节要接受阳光，以保持叶片特有光彩。冬季保持干些，过湿则易烂根或基部叶片变黄。生长期每半月施稀薄液肥1次，炎热盛夏和冬季不要施肥。发现病叶及时清除。

孔雀竹芋叶斑病，症状Ⅱ

(2)发病初期喷洒甲基硫菌灵、多菌灵等农药防治。

龙吐珠炭疽病

又名臭牡丹炭疽病。龙吐珠栽培区都有发生，主要危害其叶片，严重时，叶片枯黄早落。

症　状　受害叶片上生出近圆形病斑，中部淡褐色，边缘暗褐色。此斑常发生于叶缘、叶尖，有时也生于中部，后期其上生有黑色小点，即病原菌的分生孢子盘。

发病规律　病原为真菌，刺盘孢菌。病原菌以菌丝体在病部越冬，翌春温湿度适宜时产生分生孢子，借风雨传播，分生孢子萌发穿过角质层或通过气孔侵入，造成侵染，生长季节不断产生分生孢子，扩大病情。高温、高湿的环境有利于病害的发生，下部叶片比上部叶片受害重。

防治方法

(1)加强水肥土管理，增强植株的

龙吐珠炭疽病，症状 I

龙吐珠炭疽病，症状 II

抗病性。施肥应以饼肥等有机肥为主，避免偏施氮肥，注意通风透光。及时摘除下部衰老叶片、病叶片。

(2)发病初期喷药防治。可选用5%苯菌灵可湿性粉剂1500倍液、25%炭特灵可湿性粉剂600倍液、36%甲基硫菌灵悬浮剂600倍液、75%百菌清可湿性粉剂800倍液、40%百菌清悬浮剂600倍液等。

仙人指镰刀菌茎腐病

又名仙人指萎缩病、镰刀菌茎腐病。仙人指栽培区都有不同程度发生，造成茎腐烂，观赏价值降低。

症　状　危害茎节，造成茎节腐烂，失水萎蔫而变为黄褐色，最后干枯脱落。病情严重时造成整株萎蔫腐烂死亡。该病症状应注意与花后植株休眠相区别。

发病规律　病原为真菌中的尖孢镰刀菌。仙人指幼株、接芽对此病敏感，易发病。土壤湿度大、积水时发病重。仙人掌类都可受害。

防治方法

(1)注意栽培管理。仙人指以仙人掌作砧木嫁接或茎节扦插都可繁殖，春夏季均可。管理粗放，地栽尤是这样，惟需注意防涝。如盆栽欲使其长好开花，需常加管理，生长季节适当浇水，每年换盆换土，追施薄稀肥液；冬季保持盆土稍干燥，移放于温度不低于0℃的室内即可越冬。常年的水分管理适当控制，宁干勿过湿，尤忌积水；适当追施钾肥，注意通风透光。

(2)经常检查，发现病茎剪除，脱落的病茎节拣出园外，严重病株应拔除携出园外集中深埋，病穴内再浇福尔马林50倍液覆土1～2周消毒；剪茎伤口涂抹1%硫酸铜液。

(3)发病初期喷洒50%代森铵可湿性粉剂800倍液等。

仙客来芽腐病

仙客来栽培引种区都有不同程度发生，本病常与仙客来叶腐病、软腐病混合发生，从而加重其危害性。

症　状　危害仙客来的芽、块茎、叶柄和叶。幼芽发病后变黑、枯死。块茎被害后腐烂，最后失水凹陷、龟裂、干缩。叶柄受害，先产生水渍状黑褐色病斑，逐渐扩大致维管束变褐，叶片发灰变黄，继而枯死。

发病规律　病原为细菌，边缘假单胞菌边缘假单胞致病型。病菌依附病株残体在土壤中或附着在种子上越冬，是翌年初次侵染的主要来源，靠风雨或田间作业传播蔓延，自叶缘气孔等植株的自然孔口侵入，并在生长季节多次再侵染。当栽培环境气温较低，湿度又大时发病往往严重。

防治方法

(1)经常检查，发现病株及时清除，以防蔓延。

(2)保持栽培环境通风透光，防止湿度过大。

(3)发病初期喷药防治，可选用77%可杀得可湿性微粒粉剂500倍液、60%琥珀·乙膦铝可湿性粉剂500倍液、0.04%农用链霉素、0.04%农用土霉素等，每7～10天喷1次，连续喷药2～3次。

仙客来软腐病

又名仙客来细菌性软腐病。仙客栽培区都有发生。危害仙客来花梗、叶柄，并使块茎腐烂，大大降低其经济、观赏价值，是仙客来的主要病害之一。

症　状　发病初期，近地表处的花梗、叶柄和花呈水渍状，进而发软腐

仙人指镰刀菌茎腐病

仙客来芽腐病

仙客来软腐病，根部腐烂失水干涸（背景为别的植物叶）

烂，使叶柄、花梗萎蔫下垂，块茎腐烂发臭。潮湿天气，病部可见发粘的白色菌溢。

发病规律 病原为细菌，欧氏杆菌属的两种软腐欧氏杆菌。主要为土壤传播的病害，田间作业时接触土壤的工具、花盆等都可传播。盆栽温室植株全年都可发病，以7～8月为多，但冬季如果湿度过高，长时间超过20℃，作业时碰伤植株，亦常发病。

防治方法

(1)加强管理，特别注意：一是控温，生长期温度控制在16～18℃，花期控制在10～12℃；二是控水，保持土壤湿润，不要积水；三是环境要光照充足、通风，增施磷钾肥；四是作业时不要碰伤植株；五是及时防治地下害虫；六是浇水以滴灌为佳，忌使块茎顶端沾水。

(2)旧花盆在使用前用1%硫酸铜液洗刷消毒；或经热处理灭菌后再用；接触过病株的用具要用0.1%高锰酸钾或70%酒精消毒后再用。

(3)发病初期及时喷洒或浇灌药液，可选用0.04%农用链霉素液、47%加瑞农可湿性粉剂1000倍液、77%可杀得可湿性微粒粉剂500倍液等。每7～10天喷1次，连续用药2～3次。

兰花圆斑病

兰花栽培区时有发生，危害建兰、春兰、寒兰等兰花的叶片，影响生长，降低观赏价值。

症　状 在叶面初为红褐色小点，迅速扩展为圆形、半圆形(叶缘)褐色斑，后期病斑中间色淡，边缘颜色暗褐色。病斑反面生黄褐色疱状突起，即为病原菌的分生孢子盘。叶面病斑多时，病斑间的叶组织亦失绿，变黄枯死。

发病规律 病原为真菌，柱盘孢。病原菌以菌丝体或分生孢子越冬。分生孢子耐低温，在0℃环境中20天，萌发率仍可达86%。土壤板结，放置过密，通风不良，从植株顶端浇水等可加重病情。

防治方法

(1)及时清除枯叶，剪掉病叶或叶片的有病部分。

兰花圆斑病，症状 I

兰花圆斑病，症状 II

(2)注意通风透光，选用疏松肥沃的栽植材料。一般不要自上方喷淋浇水。

(3)发病初期喷药保护，可选1∶1∶200波尔多液等，亦可喷洒75%百菌清可湿性粉剂500倍液等。

卡特兰花叶病

卡特兰栽培引种区时有发生，亦危害建兰、国兰等，自然侵染兰科28属植物，亦危害曼陀罗、望江南、苋色藜等。

症　状　叶面初生褪色斑点，可扩展成长条形褪色斑，后期褪色斑坏死。有的兰花形成花叶。

发病规律　病原为病毒，国兰叶病毒。园艺作业时，人手及刀剪等可机械性汁液传染。桃蚜是传毒介体。病毒还可随盆底流出的水进行传染。病株的根易被破坏。

防治方法

(1)加强栽培管理。卡特兰喜通风良好而空气湿度较大的环境，遮光用遮阳网、木条、竹片均可，冬季可直晒柔和阳光。栽培环境内若低于12℃应增温，高于30℃要降温。常用水苔混合粗蕨根培育。

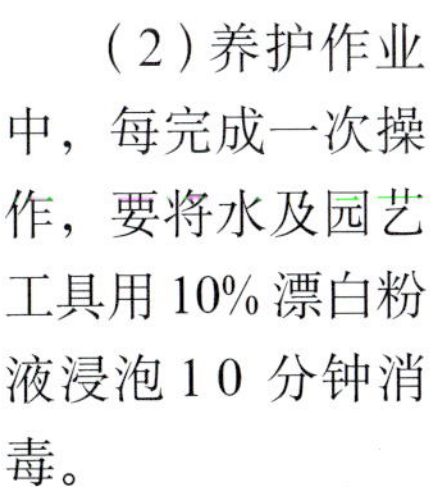

(2)养护作业中，每完成一次操作，要将水及园艺工具用10%漂白粉液浸泡10分钟消毒。

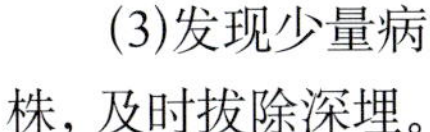

(3)发现少量病株，及时拔除深埋。

(4)及时防治桃蚜，清除卡特兰栽培区内非目的寄主。

卡特兰花叶病

发财树根腐病

又名马拉巴粟根腐病。北方引种区常有发生。

症　状　主要危害根颈以下木质部，感病初期根部皮层出现灰褐色病斑，继而发展为须根、侧根、主根、木质部相继腐烂，而在这个过程中，根部

发财树根腐病，根部腐烂状

病程发展的一定时期，地上部分表现为叶片突然萎蔫下垂，干枯，全株死亡。

发病规律 病原为真菌，拟黑根霉菌。病原菌随病株残体在土壤中越冬。通过灌溉水、雨水传播。浇水过多，土壤长期过湿，环境闷热，尤其是夏季室内置放时间过长，不通风又见不到阳光，易发病，死亡率也高。

防治方法

(1)发财树栽培选用肥沃壤土最佳，排水良好，栽培处全光照、半光照均能成长，以日照充足生育较旺盛。性喜高温，生育适温为 20～30℃，冬季不低于8℃。较耐旱，盆栽排水应通畅，不可长期潮湿积水。室内装饰宜择放于光照明亮处，时间不宜连续超过30天，若有生机转劣徒长现象，应以渐进方式接受光照，抑制徒长。扦插或播种繁殖。

(2)注意栽培环境卫生，施用有机肥要充分腐熟，偏施钾肥，以利于促发新根防止烂根。

(3)发现病株及时进行处理。发病初期要及时控水控肥，将植株移至光照充足通风处，适当扒开土壤，进行晾根，并在根部浇灌1%硫酸铜液或45%代森铵水剂300～500倍液、70%甲基硫菌灵可湿性粉剂700～800倍液等。重病株彻底清除，并对土壤撒生石灰粉消毒。

台湾大青枣轮斑病

河北等地，是温室栽培台湾大青枣的一种重要病害。

症 状 被害株叶片的叶尖、叶缘生褐色不规则形病斑，斑上有深色轮纹。在温度大、组织幼嫩时常造成病叶腐烂。

发病规律 病原为真菌，刺盘孢。北方冬季温室内栽培，常因湿度大，光照不足，叶片较嫩而发病。

防治方法 经常检查，发现病叶即摘除，并喷洒77%可杀得可湿性粉剂500倍液、70%甲基硫菌灵可湿性粉剂800倍液等。

台湾大青枣轮斑病

台湾大青枣褐斑病

北京、河北等引种区有不同程度的发生。危害台湾大青枣的叶片，严重时造成叶片枯黄，早期脱落，影响坐果。

症 状 危害台湾大青枣叶片。在花期至幼果期叶面出现褐色圆形斑点，直径可达2～3mm，中央灰白色，边缘紫褐色，外围有不甚明显的晕圈。有时几个病斑可相连成不规则状。

发病规律　病原为真菌，盾壳霉。通风不良、湿度大、植株生长弱易发病。在北京地区常见发生于冬季温室大棚内栽植的台湾大青枣。

防治方法

(1)加强管理，注意通风透光，科学施肥浇水，以增强树势，提高抗病力。

(2)搞好温室大棚内的卫生，及时摘除病叶以及枯枝落叶，集中深埋，以减少病源。

(3)发病初期喷药防治。可选用77%可杀得可湿性粉剂500倍液、50%多菌灵可湿性粉剂800倍液、70%甲基硫菌灵超微可湿性粉剂1000倍液等。视病情连喷2～3次。

瓜叶菊灰霉病

江苏、河南、北京、山东等地都有发生，危害瓜叶菊、香石竹、金盏菊、仙客来、月季、石榴等多种花卉，造成茎、叶、花腐败，为温室、大棚瓜叶菊的重要病害，严重妨碍生产和观赏。

症　状　危害瓜叶菊的茎、叶、花及幼苗。叶受害，产生黄绿色至暗绿色水渍状的斑块，空气湿度大时，病部软腐，并产生大量灰色至茶褐色霉层，后病斑变褐干枯。叶柄、花梗、花瓣感病后亦呈水渍状变色、腐败，并长出灰褐色霉层。幼苗受害后枯死。

发病规律　病原为真菌，灰葡萄孢。病原菌主要以菌核及分生孢子在病株残体上越冬，抗逆性强，翌年成熟的分生孢子借雨水、灌溉水、棚室漏水、田间作业及气流等传播，自寄主开败的花器、伤口、坏死组织处侵入，亦可自表皮直接侵入。病菌发育温度为4～32℃，最适21℃，最适相对湿度为92%～97%。分生孢子抗逆能力强，在自然条件下，经138天仍具有生活力。潮湿条件下产生大量分生孢子，为多次再侵染的主要来源。温、湿度是该病发生、流行的主要条件。在气温20℃左右，相对湿度90%的条件下易发病。北方冬春季节，温室大棚湿度大，温度上不去时，发病往往严重。

台湾大青枣褐斑病

瓜叶菊灰霉病，症状 I

瓜叶菊灰霉病，症状 II

防治方法

(1)加强栽培管理，增强抗病性。瓜叶菊喜阳光和凉爽气候，亦耐半荫，畏冬季严寒和夏季高温。喜肥，要求排水良好，富含腐殖质的土壤。播种出苗后生出 2～3 片真叶时开始分苗，5～6 片真叶时再移植 1 次。到 11 月末定植，逐步翻到大盆。定植时茎部以上 3～4 节的腋芽应全部摘除。定植时施足底肥，避免阴雨天浇水。温室大棚浇水后应放气排湿。发病后控制浇水，尤其不能叶面喷淋水。浇水应视盆土情况，干了再浇，浇透不浇漏。栽培中的温度以白天不超过20℃夜晚不低于5℃为宜。留种植株以选立春前后开花者为好，置于阳光充足、通风良好处，增施速效磷肥，以使果实发育饱满。在田间作业或家庭盆栽管理时，发现病叶等感病组织及时摘除，不要将其随便遗弃于花圃或花盆附近，应随即放于可迅速降解的塑料袋内，集中异地深埋。在园艺作业时讲究卫生，不要人为的传播病菌和给花卉造成伤害。

(2)大棚或温室等设施栽培，应控制好温湿度，抑制病害的发生。一般采取上午迟放风，使大棚或室内温度控制在 20℃，超过 20℃开始放风，下午闭风时间不宜太迟，保证夜间最低气温高于 5 ℃。

(3)发生面积较大时可用药剂防治。喷粉选用 5% 百菌清复合粉剂、10% 灭克复合粉剂。亦可用烟剂，选用：45% 百菌清烟剂或 10% 速克灵烟剂等，每次用量 250g/667m^2。可棚内分几处点燃，密闭 24 小时以上。

朱顶红褐斑病

各栽培区都有发生，危害朱顶红等叶片，妨碍生长，降低观赏价值。

症 状 受害叶片初期在叶面、叶缘或叶尖形成紫褐色小点，逐渐扩展成红褐至紫褐色近圆形、不规则形的病斑，边缘稍隆起带线纹。后期病部干缩凹陷，枯黄，以至变为灰白色，上面散生小黑点。

发病规律 病原为真菌，叶点霉。病原菌以分生孢子器、菌丝体在病残组织中越过不良环境，在秋末冬初以及花期都可发病。

防治方法

(1)搞好花圃、花盆内卫生，及时清除枯叶、残叶及严重病叶，尽量减少侵染来源。

(2)于发病初期选喷

朱顶红褐斑病，初期、中期病斑

甲基硫菌灵、多菌灵等农药，每 10 天左右喷 1 次，连续喷洒 2～3 次。

米兰炭疽病

米兰栽培及引种区都有发生。危害米兰、金盏菊、柑橘、柚等的叶片、叶柄、嫩枝，引起叶片斑点、枯黄、早落，妨碍生长和观赏。

症 状 危害米兰的叶片、叶柄、嫩枝，以叶片受害最多。叶片受害在叶面或叶缘、叶尖产生褐色、近圆形或不规则形斑。病斑边缘稍突起为红褐色带，有时病斑可扩大至叶片的一半，后期病斑上有稀疏小黑点。叶柄受害，病部由绿变为褐色，继续蔓延至主脉、支脉乃至整个叶片，以致叶片早落，亦可引起当年生新枝及干部变褐枯死。

发生规律 病原为真菌，盘长孢状刺盘孢。病原菌在树上病叶、枯枝溃疡斑以及落地病叶上越冬。翌春温湿度适宜时产生分生孢子，借风雨或昆虫传播，自气孔、皮孔、伤口侵入。一般生长势弱、温度高、湿度大、荫蔽通风不良处，病原积累多等发病常重。

防治方法

(1)加强栽培管理。米兰喜肥，每半月浇 1 次稀肥，土壤要保持偏酸性。栽培环境，尤其是温室内要注意通风。花枝要注意回缩，防止叶片脱落形成“光杆”。移植时根部多带土，少伤根，尽量缩短定植后的缓苗期。

(2)注意花圃卫生。栽植地、花盆内的落叶、枯枝要常清理干净，连同摘除的病叶一并集中深埋，不要混入土壤作肥料。

(3)发病初期喷药防治，可选喷 70% 甲基硫菌灵可湿性粉剂 1000 倍液、40% 福美胂可湿性粉剂 500 倍液、50% 退菌特可湿性粉剂 800 倍液、75% 百菌清可湿性粉剂 600 倍液等，每隔 15 天喷 1 次，连喷 2～3 次。亦可于发病初期喷洒 1∶2∶200 波尔多液 1 次。

红花吊兰软腐病

又名红花吊兰细菌性软腐病、茎腐病。红花吊兰栽培区都有分布。危害其根茎部，造成植株死亡，或扦插不能成活。

症 状 主要危害红花吊兰与土壤接触的茎部，其上呈现暗绿色水渍状斑，造成软腐，干燥失水后皱缩，根

米兰炭疽病

红花吊兰软腐病

部亦腐烂。

发病规律 病原为细菌，欧文氏软腐杆菌。病菌随病残体存活，多从伤口侵入。夏季高温、湿度过大、室内空气不流通等环境容易发生且危害严重。扦插繁殖时，土壤黏重，通透性不良，环境阴湿不通风等，均可引起插穗发病腐烂，不能成活。

防治方法

(1)红花吊兰喜温暖湿润的环境，但不耐水涝。所以要选取排水良好、疏松、肥沃的壤土用盆栽。不要用黏重、施有未经腐熟有机肥的土壤。花盆应悬挂于通风凉爽处，特别是数伏闷热的天气，要将其挂于通风处，但要避免阳光直射。

(2)扦插繁殖时可将插穗插于洗净的河沙中，保持通风，每天洒水保持一定湿度，一般10～15天即可生根；亦可将插穗浸入清水瓶中，每天换水1次，待生根后即可装盆。不要将插穗插入黏重、排水不良的土壤、通风又不良的环境，以防染病。

(3)发病重的，将病株连同盆土一起遗弃，将盆消毒换入新土，植入健苗。

红宝石冷害

在气温可发生低于5℃的地区均可发生。危害蔓绿绒类及其他多种花卉，轻者植株生长缓慢，叶片枯萎，重者整株死亡。

症　状 受害初期叶片由正常舒展状变为下垂。叶面灰暗，失去光泽。其后随着气温升高，自叶尖起，表现水渍状，逐渐向叶基部扩展并变黄，随着水分的丧失而渐变为褐色、干枯。

红宝石冷害

发病规律 非寄生性，低温冷害，当气温低于5℃，持续10个小时即可发生。气温低于5℃的时间持续越长受害越重。同样条件下老叶较新叶易受害，基部叶片常整叶受害，越向上叶片受害部分越少，严重时可整株死亡。

防治方法 注意防寒保温。关注天气预报，遇寒流降温天气过程出现时，提前将花移于温暖处，或在花房内加温。

红宝石斑点病

各红宝石栽培区都有不同程度发生，严重时叶面斑点累累，降低观赏价值。

症 状 初在叶面上产生红褐色数量不等的小斑点，后逐渐扩大至直径3～5mm圆形、椭圆形病斑，边缘褐色，中间灰白色，后期较大的病斑可破裂形成穿孔。

发病规律 病原为真菌，叶点霉。病原菌以菌丝体或分生孢子器在病叶及落叶上越冬，翌春产生分生孢子，借风雨传播，室内盆栽主要靠喷淋水传播，初侵染主要侵染新叶，每年4～11月均可引起发病，而以5～6月、9～10月间发病较重。一般植株因肥少、遭受冻害、环境潮湿通风不良时发病较多。

红宝石斑点病，症状Ⅰ（叶面白斑为反光）

防治方法

(1)红宝石喜温暖湿润又通风良好的半阴环境，怕低温，忌积水。盆栽宜放置于温室、大棚的明亮处，不可长期放于阴暗处，浇水要“见干见湿”，每月施1次稀薄肥促其健壮生长。

(2)秋末冬初剪除病重叶片，将其深埋于无寄主区，不要将病叶遗弃于寄主栽培区。

(3)生长期于发病初期喷洒：84.1%好宝多可湿性粉剂、77%可杀得可湿性粉剂、50%多菌灵可湿性粉剂800～1000倍液、65%代森锌可湿性粉剂500倍液等。不要喷洒波尔多液。

红宝石斑点病，症状Ⅱ

红雀珊瑚花叶病

南方各地、北方各引种区都有分布。病株生长较矮小，不舒展，但园艺上常作为观赏品种栽培，而称“花叶红珊瑚”。

症 状 红雀珊瑚叶面散布不规则形的褪绿黄斑块或白斑块，叶面有不平、扭曲等畸形。

发病规律 病原为病毒。扦插繁殖可传播。蚜虫等刺吸式口器害虫可能传毒。

防治方法

(1)红雀珊瑚喜温暖，不耐寒，忌冷风吹；耐荫，半阴处有利于开花。适合

红雀珊瑚花叶病

在较为干燥、无风处生长，宜选用肥沃、疏松、排水好的砂壤土栽培。冬季最低温度不能低于10℃，以促进正常生长，缓解病情。

(2)除作为园艺品种栽培，不要自病株上采穗扦插繁殖。

(3)及时防治蚜虫等害虫。

(4)试用高温脱毒、茎尖组培法培育无病毒健康母株，扩大繁殖。

扶桑花叶病

各扶桑栽培区时有发生，全株发病。但有的花农专门培养病株供观赏，称“彩叶扶桑”。

症　状　病株较矮小，枝叶不舒展，叶片变为红、绿相杂，或红、黄、绿不同深浅色相杂。花小，量少亦不舒

扶桑花叶病，症状Ⅰ

展。

发病规律　病原为病毒。主要依靠病枝扦插繁殖和花木远距离调运而扩散。

防治方法

(1)个别花圃繁殖病株观其病态美的，要严加控制，不要任意扩散。

(2)一般扶桑花圃注意防治蚜虫等刺吸式口器害虫。

杜鹃丛枝病

北京、河北等地都有发生。危害杜鹃，引起隐芽大量萌发，开花很小，花畸形或不开花，妨碍观赏。

症　状　危害杜鹃的枝、叶、花，均可表现畸形。隐芽大量萌发，侧枝纤细、丛生呈扫帚状，叶变小，花小而少，

扶桑花叶病，症状II

有时不开花。

发病规律　病原为植物菌原体。在个别花圃零星发现，可借嫁接传染。

防治方法

(1)严格检疫。认真进行产地检疫和调运检疫，严防扩散蔓延。

(2)花圃作业中，发现病株及时刨除销毁。

(3)不从病株上采集接穗等繁殖材料。

(4)注意防治蚜虫等刺吸式口器害虫。

杜鹃黄化病

又名缺铁症、黄叶病、褪绿病。河南、河北、山东、辽宁等北方引种、栽培区都有发生，是盆栽杜鹃常见病害，妨碍生长和开花，降低或失去观赏价值和经济价值。

症　状　杜鹃等多种植物的叶片都可表现症状，主要为新梢上部叶片的叶脉间褪绿黄化，仅叶脉保持绿色，严重时自叶尖、叶缘逐渐变为褐色而枯死。如叶部症状表现时间过长，则整个植株萎黄以至于枯死。

发病规律　缺铁引起。该病多发生于土壤pH值偏高，碱性较大，以致土壤中的游离铁变为植物不可利用的三价铁，不易被植株吸收而表现缺铁症。土壤较黏重排水不良，pH值偏高等，常发病重。

防治方法

(1)选用疏松、肥沃、富含腐殖质、排水良好的微酸性砂质壤土栽培，忌用黏重、碱性土壤。

(2)对发病花圃，要增施有机肥，改

杜鹃丛枝病，小枝丛生状

杜鹃黄化病

良土壤，低洼地注意排水，防止积水。

(3)植株发病后，喷洒0.5%硫酸亚铁溶液，或根施磺腐酸二胺铁、尿素铁络合物等铁肥，施后浇足水，但应防止铁过量而产生毒害。如常浇硫酸亚铁而使土壤中硫及游离铁过多，致使植株中毒，可用乙二胺四乙酸二纳0.14g与硫酸亚铁0.1g混合，溶入500ml水中，喷洒叶正、背面数次，每3天1次，效果良好。

芦荟褐斑病

又名芦荟黑斑病。各露地栽植或设施栽植都有发生，主要危害芦荟叶片，亦可危害茎、花，影响产量，并降低观赏价值。

症　状　危害叶片，初期病斑为水渍状、灰绿色，随着病情发展，病斑可扩大为圆形或不规则形，病斑中央凹陷，红褐色或灰褐色，病斑可透过叶片正反两面，但不穿孔，这是与炭疽病的不同之处，病斑质地亦较硬，正面病斑可产生成堆黑色小点，在潮湿条件下更为明显，即为病菌的分生孢子器。

发病规律　病原为真菌，芦荟壳二孢。在南方露地栽植区，全年均可发病，北方棚室栽培亦可周年发病，以6～9月份高温高湿的条件下发病较严重而普遍。

防治方法

(1)选栽抗病性比较强的库拉索芦荟、中国芦荟、木立芦荟等种类。

(2)科学施肥、浇水，注意氮、磷、钾肥均衡，防止积水。

(3)苗期喷洒77%可杀得可湿性粉剂保护，每15～20天喷1次，1年内喷3～4次。

(4)经常检查，发现病叶及时剪除利用或带出栽培区深埋，并喷洒75%百菌清等。

芦荟褐斑病

芦荟炭疽病

为芦荟常见多发病，凡种植之处均有发生，危害其叶片，茎部亦有受害，造成病斑累累。据在昆明世博园的芦荟园、河北石家庄等地调查，发病株率达30%～70%，严重的栽植小区无一

芦荟炭疽病

株幸免，严重影响芦荟的生长、产量和质量，降低其观赏价值。

症 状 主要危害叶，亦危害茎。叶尖、叶缘多先出现病斑，呈半圆形黑褐色小斑；叶面病斑多呈圆形，黑褐色，边缘稍隆起，中央灰白色稍凹陷，其上散生黑色小点，即病原菌的分生孢子盘，病斑可穿透叶片两面，呈灰白色薄膜状，并可造成穿孔。

发病规律 病原为真菌，围小丛壳。病菌以菌丝体在病叶、茎部组织内越冬，翌年产生分生孢子，借风雨或昆虫传播，分生孢子萌发后可穿过表皮角质层直接侵入，亦可通过皮孔、伤口侵入果肉，引起病害。在温室、大棚内病害可周年发生，据观察，中华芦荟较其他品种易感病。

防治方法

(1)选栽抗病品种，如库拉索芦荟、中国芦荟、木立芦荟等。

(2)加强水肥土管理，提高抗病力。芦荟喜温暖，不耐寒，喜春、夏空气湿润，秋、冬略干，及排水良好的土壤。地栽管理比较粗放。盆栽夏季应置于通风良好的半阴处，冬季置于阳光充足处，室温不低于5℃。全年均应注意控制水量，严防积水，尤其冬季宁干勿湿。施肥应均衡，注意增施磷钾肥，防止氮肥过量。

(3)苗期喷洒波尔多液保护，每15～20天喷1次，一年内可喷3～4次。

(4)经常检查，发现病叶及时剪除利用或带出栽植区深埋，并喷药，可选喷75%百菌清1000倍液、50%多菌灵500倍液、65%好生灵500倍液等，连喷2～3次，每次相隔7～10天。

花木药害

各地均可发生，可危害各种花草树木。轻则可致植株、叶面、花冠、嫩茎、果实上出现黑色、黄褐色、灰白色等不同颜色的斑点，重则出现大量落叶、落果，甚至全株萎蔫死亡。

症 状 施用农药防治病虫害时，如下情况可引起花卉药害：施用方法不当，药剂喷布或埋施、浇灌不匀，造成局部药液浓度过大，或者喷布时，药液浓度过大，或埋施、浇灌药液时用量过大，超过了花卉所能承受的生理极限；药剂配制不当，如药液不匀，施用后接触植物体表面浓度不均；施药时机不当，在高温条件下喷施农药；农药质量低劣，如含的杂质过多，如使用纯度低于90%的硫

花木药害，米兰叶和嫩茎被害状

花木药害，朱蕉叶被害状

花木药害，月季叶被害状

酸铜；用了不该用的药剂，如使用家庭卫生杀蚊蝇用的气雾剂喷在花卉上；花卉种（品种）间耐药性不同，有的花卉，如桃花对某些农药敏感，易产生药害等。不同的花卉产生药害后表现有所不同，通常有如下症状：肉质、草本花卉受害，一般叶片上1～2天内出现大片不规则形淡褐色失绿斑，叶片很快变褐枯死脱落。进而殃及茎部，致使茎上部变为黑色皱缩，向下蔓延迅速，全株很快死亡，根亦腐烂；木本花卉受害，叶片上可出现黄褐色或黑色不规则形斑；有的叶片上出现白色、灰白色褪绿斑，不规则形；嫩茎上出现黑褐色或灰白色长条形斑；花蕾、花瓣上出现圆形或不规则形黄褐色或灰白色、黑色大小不一的斑。

发病规律　施药时气温愈高，高温持续的时间愈长，药剂浓度愈大、用药量愈大、植物组织愈幼嫩，受药害的程度愈大，损失愈严重。一般木本花卉比草本花卉尤其是肉质草本花卉较耐药。同1种花卉成龄、老龄比幼龄期较耐药。一般产生药害后虽大量喷淋清水，但不能使症状逆转。

防治方法

(1)严格按照农药使用说明书上规定的施用对象、使用方法和配制浓度施药，不要任意提高或降低使用浓度，浓度高了易产生药害还浪费农药，造成环境污染；浓度低了不能达到防病治虫的目的，还易使病虫害产生抗药性。

花木药害，竹节海棠顶芽被害枯死

(2)掌握好施药时间。一般应于天气晴朗的上午10：00前、下午16：00后进行喷洒，不要在炎热的10：00～16：00喷药，也不要在阴雨天、雾天喷药。

(3)配制药液时要搅拌均匀，并要均匀喷洒于植物体上。

(4)施药后如发现因施药不当而可

花木药害，竹节海棠被害全株枯死状

花木药害，仙人指茎节被害枯死状

能产生药害，可迅速喷洒、浇灌清水，以避免产生药害。

花苗立枯病

又名猝倒病。世界性的花木苗圃重要病害，我国各地都有发生。危害一串红、仙客来、凤仙花、万寿菊等多种实生花卉的幼苗，造成缺苗断垄或毁种，严重妨碍花卉生产的发展。

症 状　多发生于4～6月。寄生性病原引起的，因发生时期不同，表现如下不同：种芽出土前发霉腐烂的种腐型，幼苗出土期茎叶腐烂的首腐型，幼苗木质化前水渍状变褐溃烂倒伏的猝倒型，苗茎木质化后根部腐烂全株枯死不倒伏的立枯型。

发病规律　病原种类多，主要是真菌、管毛生物和线虫。真菌中主要有茄丝核菌、茄腐皮镰孢霉和尖镰孢霉。管毛生物中主要有瓜果腐霉和德巴利腐霉。真菌和管毛生物病原以菌丝体或菌核在病株残体内越冬，营腐生生活，存活2～3年，菌丝体可直接侵入寄主，菌核主要是渡过不良环境，待温湿度适宜后即生出新的菌丝体。水流、农具、人畜践踏等都可传播。该病的发生和蔓延主要受如下因素制约：一是圃地病原的积累，前茬是蔬菜、马铃薯、棉花等，病原积累多，易发病。二是寄主状态，如种子质量差，苗弱，播种过深、过迟幼苗质量差，在土壤高温到来之前组织幼嫩等都易感病。三是苗木过密，通风不良。四是环境条件，地势低洼，土壤黏重、出土前阴湿多雨

花苗立枯病，猝倒型（大花马齿苋）

花苗立枯病，立枯型（一串红）

等都有利于病害的发生和流行。

防治方法

(1)防治的基本原则是采取以壮苗技术为主的综合防治措施。

(2)选择疏松肥沃、排水良好的苗圃地育苗，切忌在蔬菜地、棉麻地、碱地育苗。深耕细作，床面平整，中部稍高，以利排水。施用的有机肥要充分腐熟，并多施磷钾肥。

(3)播种时进行土壤消毒，选用20%稻脚青可湿性粉剂1875g/km²，拌细土375～525kg。在北方稍有碱性的土壤中，浇灌2%～3%硫酸亚铁水溶液，用量为4500g/m²，7天后播种。在丝核菌和镰刀菌为主要病原地区，用95%敌克松可湿性粉剂147～368g/100kg种子，拌种。在以线虫为主要病原的地区可选用丙线磷、克线丹、克线磷。在丝核菌、镰刀菌、腐霉菌都有的地区可用35%多菌灵可湿性粉剂4.5～9.0g（有效成分）/100 m²，可均匀撒在苗床上或播种沟内；或用福尔马林消毒，50ml/m²加水6～12kg，浇完后用草袋覆盖10天后，揭去草袋让气体跑掉，再过2天播种。

(4)适宜的播种深度，要根据籽种大小、灌溉条件来决定合理的播种深度，一般籽粒小、灌溉喷淋条件好的可适当浅播；籽粒大、灌溉条件差的，要适当深播。总的原则是在保证出土，苗全苗壮的前提下尽量浅播。

(5)出苗后发病，可选喷：1∶1∶200波尔多液、75%敌克松可湿性粉剂500～800倍液、50%退菌特可湿性粉剂800～1000倍液等。还可选用1%硫酸亚铁液、0.5%高锰酸钾液喷苗，喷药10～30分钟后应喷清水1次洗苗，以防药害。

苏铁病毒病

又名苏铁坏死萎缩病。苏铁栽培区时有发生，危害苏铁，降低观赏价值。

症　状　表现为新叶色略黄，羽状复叶的每片小叶上生有环状黄色坏死斑，使新叶自坏死斑点处扭曲。老叶上亦生有黄褐色斑点。整个植株生长萎缩，降低观赏价值。

苏铁病毒病

发病规律　病原为多面体病毒组苏铁坏死萎缩病毒。病株全株带毒，由线虫传播。线虫保持传毒力可达数周至数月。

防治方法

(1)发现病株后连根刨除销毁，并对病株周围2m的土壤撒入杀线虫剂，如10%克线丹颗粒剂，用量为0.5g/m^2，均匀撒入后浇水。原栽植穴应改栽其他树木，不得再栽苏铁属各种，如华南苏铁、四川苏铁等。

(2)加强检疫。产地检疫时，发现病株即行拔除销毁，并对病株周围2m土壤撒入丙线磷、克线丹等杀线虫剂消毒。调运时，不得调入病株及病株周围土壤。

麦秆菊锈病

江苏、安徽、河北、上海、四川、广东、贵州、台湾等地都有发生，危害麦秆菊、千年菊、大波斯菊，山菊、香叶菊、野菊、菊花等菊科花卉。

症　状　主要侵染叶片，偶尔侵染茎。感病叶片，初期叶面上出现淡黄色斑，相应的叶背面也出现小的褪色斑。随后产生隆起的疱状物，不久疱状物破裂，散出大量褐色粉状物。严重病株叶片布满病斑，造成落叶，生长衰弱。

发病规律　病原为真菌，柄锈菌、层锈菌。病原菌潜伏于芽鳞内越冬，孢子主要借气流传播或随病株的运输作远距离传播。在北京地区9月中下旬发病较重。菊花品种间抗病性明显不同。

防治方法

(1)加强栽培管理。麦秆菊以播种

麦秆菊锈病

含笑叶枯病

法繁殖，选用砂质壤土，疏松肥沃，排水良好，光照充分，土中施以有机肥及少量磷钾肥。花圃不要连作，盆土年年更换。植株间要通风良好。长高5cm左右时摘心1次，促进分枝多开花。生长期经常检查，发现病叶立即摘除放入塑料袋内，秋后彻底清除植株残体，集中深埋或高温沤肥。

(2)发病初期喷药防治，可选用25%粉锈宁可湿性粉剂1500～2000倍液、40%福美胂可湿性粉剂200倍液、10%抑多威乳油3000倍液、40%福星乳油8000倍液、50%萎锈灵乳油800倍液、50%硫磺悬浮剂300倍液等。

含笑叶枯病

福建、广东、江西、江苏、河北等地都有发生。危害含笑叶片，导致叶片脱落。

症　状　病原菌侵染叶片，主要侵染叶缘和叶尖。发病初期，叶片上生出针头状大小的小斑点，后迅速向叶片基部或主脉方向蔓延，形成自叶缘或叶尖起向叶片基部或主脉方向发展的暗褐色不规则大型斑块，有时叶面亦有近圆形小病斑。严重时病斑块可为叶片的1/4～3/5。后期病斑中央为淡褐色或灰白色，散生小黑点，病斑边缘不甚明显，病健结合部易出现裂痕，病部断落或不断落。病叶常脱落。

发病规律　病原为真菌，木兰叶点霉。病原菌以菌丝体在枝上病叶以及落地病叶上越冬。在华南以及北方温室内可全年发生，但较凉爽的4～5月和9～10月发病较重，无明显的越冬现象。主要侵染下部的老叶以及衰弱植株的叶片。在北方受冻害、长势弱的植株发病常重。

防治方法

(1)加强水肥土管理，适当增施磷钾肥，促进健壮生长，增强抗病性。

(2)及时清除地面落叶，摘除枝上病叶，集中深埋。

(3)注意通风透光，盆栽时不要放置太密。

(4)发病严重时，可于发病初期喷洒77%可杀得可湿性粉剂、25%络氨铜水剂，或50%多菌灵可湿性粉剂800倍液、65%代森锌500倍液、0.3°Be石硫合剂等。

牡丹褐斑病

又名洛阳花褐斑病、木芍药褐斑病。北京、河北、河南、四川、安徽、贵州、湖南、上海、江苏、浙江等地都有分布，危害牡丹叶片，严重时病斑布满叶面，直至枯死，为牡丹的重要病害。

症　状　感病叶片开始产生大小不等的苍白色圆形斑点，直径一般3～7mm。1个叶片上的病斑数，少则2～3个，多则20～30个。后病斑逐渐扩大，呈褐色至黑褐色，邻近病斑可连接成不规则形大斑，严重时整个叶面布满病斑，以致枯死。后期病斑正面生出细小黑点组成同心轮状纹，在手持放大镜下，小黑点呈绒毛状。叶背面病斑暗褐色，轮纹不明显。

发病规律　病原为真菌，变色尾孢。病菌以菌丝体和分生孢子在病落叶和其他带病组织中越冬，是翌年初侵染的主要来源。翌年分生孢子借风雨传播蔓延，自伤口或气孔侵入。一般多于7～9月发病。沿海地区在台风季节，由于雨水多，植株伤口多，发病往往严重。花后放松管理，植株生长衰弱，水、肥失调，发病常重，多自下部叶片开始发病。

防治方法

(1)加强栽培管理，增强抗病性。牡丹为肉质根，喜光，喜凉爽干燥，畏湿恶热，忌积水，潮湿则易烂根。栽植地要选择疏松、肥沃、深厚的壤土或砂质壤土，地势高燥，排水良好，中性或微酸、微碱均可。避免盐碱土和黏重土壤。栽植前要修剪苗根，剪去病根及折损根，再用0.1%硫酸铜液或5%石灰水浸泡0.5～1小时消毒，取出用清水洗净后即可栽植。栽植时间以9～10月最好，栽后伤口易愈合，易生根，翌年即可开花。盆栽时，盆底要用粗砂填充为排水层，以防积水。根系要舒展，覆土要压实，保证根与土壤紧密接触，才易于成活。牡丹喜肥，一年至少施肥3次，即花前肥、花后肥和越冬肥。施肥以腐熟有机肥为主，注意增施磷钾肥。日常管理除定时施肥、旱时浇水，注意雨后排除积水，还应做好定干、修枝、疏蕾、除芽等工作。同时搞好环境卫生，及时摘除病叶，秋后彻底清除病残株及落叶，集中深埋；注意排水，避免过湿，改善植株通风透光条件，促进花繁叶茂，健壮生长。

(2)药剂防治。发病初选喷84.1%

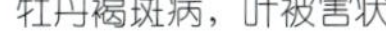
牡丹褐斑病，叶被害状

牡丹褐斑病，牡丹品种间抗病性有差异，左上较抗病，右下感病

牡丹褐斑病，大面积发病状

好宝多可湿性粉剂、50%硫悬乳剂500倍液、50%混杀硫悬浮剂500倍液、77%可杀得可湿性粉剂500倍液、70%甲基硫菌灵超微可湿性粉剂1000倍液，7～10天1次，共喷2～3次。

君子兰软腐病

又名君子兰细菌性软腐病、君子兰根茎腐烂病。为君子兰常见病害，我国南方北方栽培区都有发生。发病时常引起叶片软腐，向下蔓延至茎部，轻者影响观赏，严重时全株倒伏。

症　状　主要危害君子兰的叶、茎、根部。发病初期，叶片上出现水渍状暗绿色病斑，逐渐扩展蔓延，病组织呈褐色软腐，与健康组织界限分明，后期病部干枯下陷，严重时整个叶片软腐下垂，与茎部脱离。茎部感染向上至叶基部，向下至根部，致根部腐烂，全株枯死，叶片软腐脱掉。

发病规律　病原为欧文氏软腐杆菌。病菌随病株残体存活和越冬，借雨水、灌溉水、昆虫传播，多从伤口侵入植株。病菌侵入后分泌果胶酶溶解中胶层，导致细胞破裂，细胞液溢出，形成软腐。细菌发育温度2～40℃，最适25～30℃。夏季高温、高湿、设施内通风不良，植株伤口多、介壳虫危害严重等，容易发病且危害严重。

防治方法

(1)加强管理。注意从盆沿浇水，切忌将水浇入心叶，如不慎将水浇入心叶，可用脱脂棉将心叶积水蘸尽。设施内注意通风，及时防治介壳虫等害虫。移栽、倒盆时，防止折碰叶、茎，造成伤口。

(2)发病轻时剪除病叶，并全株喷药，可选喷：50%琥胶肥酸铜可湿性粉剂500倍液、72%农用硫酸链霉素可溶性粉剂4000倍液、77%可杀得可湿性微粒粉剂500倍液、47%加瑞农可湿性粉剂800～1000倍液等，每10天喷1次，连续喷2～3次。

(3)叶部发病较重，但根、茎未腐烂，或有少数根腐烂时，可将病株连根拔起，剪除病叶和病根，用清水将泥土洗净后，放入0.1%高锰酸钾液中浸泡5分钟，再用清水冲净，将根朝上放在阳光下晒30分钟，然后晾干4～5天。花盆和盆土要高温消毒，待冷透后上盆或将原土弃之不用，配制新的无菌土，选用新盆栽植。栽植时，不要埋得太深，浇足水置于阴凉处，缓苗10～15天即可长出新叶。

(4)发病严重根、茎已全腐烂或大部腐烂的，要及时拔除，并对土壤撒生石灰等消毒。如为盆栽，花盆应消毒，土壤应弃之不用，改用新土。

君子兰根腐病

各君子兰栽培区都有发生，危害根部造成腐烂，以至全株死亡。

症　状　植株受害先自根部开始，肉质根上生出褐色坏死斑，逐渐扩大致使整个根部皮层腐烂，自土壤中拔出茎后腐烂的根系多留在土中；地上部分表现为叶片无光泽，迅速萎黄。

发病规律　病原为真菌，镰刀菌。病原菌依附于病残组织在土壤中蔓延。当君子兰管理不善，如缺肥，特别是花后营养极度缺乏，圃地或花盆排水不良，阴湿积水；或生长期干旱缺水、冻害、虫害生长衰弱时，易感染该病。而

君子兰软腐病，症状 I

君子兰软腐病，症状 II

君子兰根腐病，根部腐烂状

君子兰黄化病，幼苗症状

土壤长期高湿、环境闷热、空气不流通、湿度大时发病常重。

防治方法

(1)加强栽培管理。君子兰生长适温为15～25℃，耐寒性差，耐热性亦不强，夏季高温则处于半休眠状态。冬季需经过半休眠期，即温度保持8～10℃，低于5℃易受冻害，高于15℃则打破休眠，对开花不利。喜半阴，忌烈日暴晒。喜疏松肥沃富含腐殖质的土壤。稍能耐旱不耐积水。用分栽脚芽繁殖，分芽伤口涂抹木炭粉防腐。用深盆栽植。春秋两季是其生长期，盆土可略湿些，但不可过湿甚至积水，每20～30天追施1次液肥。盛夏和入冬后暂停追肥，盆土也应偏干。开花前20天施1次磷肥。春、夏、秋季应注意通风，夏季应防烈日暴晒。冬季放于室内向阳处，室温不可低于5℃。夏季防雨淋烂心。平时浇水避免自上方喷淋。

(2)发现病株及时挖出，用清水冲洗，剪除带病肉质根，浸入50%多菌灵可湿性粉剂200倍液中杀菌3分钟，再晾晒2～3天；原盆土废弃，旧盆消毒（用火烧或浸入1%硫酸铜液中24小时）或用新盆换用新土重新栽植。

君子兰黄化病

各栽培区都有发生，君子兰等多种花卉都可受害。

症 状 新叶褪绿黄化，严重时自叶尖变为褐色枯死。老叶表现较轻。

发病规律 缺铁引起。碱性土壤常发病较重。

防治方法

(1)君子兰喜疏松肥沃富含腐殖质的土壤。栽培君子兰最好选用山林内的腐叶土，或专门配制的君子兰土。

(2)发病后要换为适宜的土壤，并叶面喷铁肥或根施铁肥。

鸡冠花疫病

鸡冠花栽培区有不同程度发生，主要危害叶片和茎，造成叶片腐烂干枯，茎部腐烂而死。

症 状 主要侵染叶片，多自叶缘开始，初为暗绿色小斑，后扩展为不规则形大斑，继而可侵染叶片的1/3～1/2，以至全叶。高湿时病部呈软腐状，低湿时呈淡褐色干枯状。茎部被侵染，则出现褐色长条状或不规则病斑，严重时茎部腐烂，整株倒状。

发病规律 病原为管毛生物，疫霉。病原菌以菌丝体或卵孢子及厚垣子随病残体在土壤中越冬。翌年温湿度适宜时产生孢子囊，借雨水、灌溉水传播。地势低洼，排水不良，施用未经充分腐熟带有病残体的厩肥，偏施氮肥，使用重茬地等发病常重。多雨的年份，尤其是高温高湿的7～8月份发病重。毗邻其他花卉的疫病病株如美人蕉，发病亦重。

鸡冠花疫病

防治方法

(1)加强水肥土管理，促进植株健壮生长，增强抗病性。

(2)秋后及时清洁园圃，拔除植株，清扫落叶，将其集中深埋或高温沤肥。

(3)生长季节，尤其是进入雨季之前，剪去植株基部可被地面雨滴迸溅的叶片，防止病菌侵染并保持近地层空气流通。

(4)发病初期喷药防治。可选喷1：1：200波尔多液、50%退菌特可湿性粉剂500倍液、50%灭菌丹可湿性粉剂500～700倍液、50%福美双可湿性粉剂500～700倍液、90%乙膦铝可湿性粉剂600倍液等，每10～15天施药1次，视病情连施2～3次。用退菌特等药液灌根亦可。

玫瑰秋海棠花叶病

北京、河北、山西、河南等地的设施栽培内都有发生，侵染玫瑰秋海棠、银星秋海棠、毛叶秋海棠、豹耳秋海棠等多种秋海棠属花卉。

症 状 发

玫瑰秋海棠花叶病，症状Ⅰ

玫瑰秋海棠花叶病，症状Ⅱ

玫瑰秋海棠花叶病，症状Ⅲ

茉莉花叶病，症状Ⅰ

病株的叶面散生不规则形褪绿黄斑，叶面常皱缩不平。病株开花较少而小。

发病规律 病原为病毒。在温室大棚内，病株少量、零星分布。扦插繁殖可以传病。

防治方法

(1)加强检疫，发现病株即行拔除销毁，病株不得出圃和调运。

(2)不要自病株上采集繁殖材料进行繁殖。

茉莉花叶病

北京、河北、河南、江苏等地都有分布，危害茉莉，造成生长势弱，花量少。

症　状 在生长季节，新梢叶面出现鲜黄色褪绿斑或环纹，叶片较小而不平。

发病规律 病毒引起。在夏季高温季节有隐症现象。

防治方法

(1)加强检疫，发现病株拔除销毁，不卖、不购买、不栽植病株。

(2)不自病株上采条扦插，或进行分株和压条繁殖。

(3)注意防治蚜虫等刺吸式口器害虫。

虎尾兰根腐病

各虎尾兰栽培区时有发生，危害虎尾兰、君子兰等多种花卉的根部，造成生长不良，严重时植株死亡。

管理，选用通透性好的砂壤土，适当浇水，宁干勿湿，注意通风透光，温室大棚内注意排湿。

(2)发现病株后及时挖出，用清水冲净，剪除病根，浸入50%多菌灵可湿性粉剂200倍液中杀菌3分钟，再晾晒2～3天，废弃原土，旧盆消毒，换入新土，重新栽植。

郁金香炭疽病

在郁金香栽培引种区时有发生，危害郁金香叶片，妨碍生长，降低观赏价值。

症　状　叶上生出半圆形(叶缘)、近圆形病斑，边缘黑褐色，中部颜色较淡，后期轮生许多小黑点。

发病规律　病原为真菌，刺盘孢。栽培环境湿度大、通风不良、偏施氮肥、生长势弱、有伤口等利于发病和蔓延。

防治方法　(1)郁金香喜避风向阳及疏松肥沃的土壤。要深耕整地，施足基肥，开沟或筑畦栽植，覆土厚度最适为球高的2倍，栽后适当浇水，促其生根、寒冷地区，

郁金香炭疽病

茉莉花叶病，症状 II

症　状　根部先受害，根上生出褐色坏死斑，渐扩大至整个根系腐烂，叶片表现灰绿无光泽，叶尖枯死。

发病规律　病原为真菌，镰刀菌。病菌依附于病残组织在土壤中越冬、蔓延。当花盆或圃地排水不良，阴湿积水，或遭受冻害、生长衰弱，环境闷热，通风不良时发病常重。

防治方法　(1)加强园艺

虎尾兰根腐病

冬季可适当覆盖，早春化冻前及时除去覆盖物。初夏茎叶枯黄时掘出鳞茎，阴干贮于干燥凉爽处。盆栽于秋季上盆，选用肥壮鳞茎，用7～8寸径的盆，每盆栽4～5株。盆土用一般培养土即可。浇透水后将盆埋入露地向阳处冷床，覆土15～20cm，防雨水浸入。经8～10周低温处理，约于12月上中旬根系生长充分、新芽萌动时，取出盆移至温室半阴处，保持5～10℃，显蕾前移至阳光下，保持15～18℃室温，均衡追肥数次，即可于元旦前后开花。

（2）少量发病摘除病叶深埋销毁。大量发病时，可于发病初期喷洒75%百菌清可湿性粉剂600倍液、50%退菌特可湿性粉剂800倍液等，每10天喷1次，连喷2～3次。

郁金香茎腐病

又名郁金香木霉鳞茎腐烂病。各栽培区有不同程度的发生。危害郁金香等多种花卉。

症 状 鳞茎受害，病部呈暗褐色，在高湿条件下，生出白色至黄绿色、绿色霉层。

发病规律 病原为真菌，木霉。病原菌一般随病株残体存活于土壤中，常自伤口侵染。

防治方法

（1）在鳞茎收获及贮运过程中小心轻放，防止碰伤。

（2）用多菌灵等杀菌剂周到喷洒鳞茎，然后贮藏或运输。

郁金香茎腐病

鸢尾叶枯病

河北、北京等地有分布，危害鸢尾、西班牙鸢尾、德国鸢尾等，造成叶片端部枯死。

症 状 侵染叶片，自叶尖部开始发病，逐步蔓延，致叶端部枯死，枯死部分有深褐色轮纹，严重时可致大部分叶，甚至全叶枯死。病株除刚生出的新叶，几乎每个叶片都发病。

发病规律 病原为真菌，丛刺胶盘孢。病原菌在病株残体内越冬，在河北石家庄地区翌年4月中旬露地植株即开始发病。管理不善，水肥失调，尤其是窝风，通风不良，利于发病。

防治方法

（1）加强管理。鸢尾喜向阳，耐半

荫，耐寒性强。宜栽植于排水良好而适度湿润的钙质土壤。8～9月间完成花芽分化，春季萌发较早，根茎先端的顶芽生长开花。分株繁殖，栽植穴要施基肥，栽植不宜过深，根茎的上部宜露出土表。生长期注意浇水，保持土壤湿润。花后地下部分休眠应暂停浇水。每年春季在植株一侧施一次骨粉或腐熟堆肥即可。秋后彻底清洁花圃，剪除枯死、病死茎叶；生长季节发现少量病叶，可将病部连同部分健叶一并剪去，集中深埋。

鸢尾叶枯病

(2)发病初期喷洒84.1%好宝多可湿性粉剂、50%退菌特可湿性粉剂等。

栀子叶斑病

又名黄栀子叶斑病。分布于江苏、河北、湖北、安徽、江西、陕西、湖南、广东、上海等地。危害栀子叶片，严重时造成落叶，妨碍生长和开花。

症　状　病斑多发生于叶尖或叶缘处，半圆形；发生于叶片中部的病斑呈圆形或近圆形。病斑黄褐色至褐色，直径4～16mm，可相互连接成更大的、不规则形斑。病斑边缘褐色，内部灰白色，表面散发稀疏小黑点，即病原菌的分生孢子器。

发生规律　病原为真菌，叶点霉。病原菌以菌丝体或分生孢子器在病叶及病落叶上越冬，翌春产生分生孢子借风雨传播，侵染危害。在华南和北方温室可周年发生，一般生长势弱，通风通光不良等易发病。下部越年老叶发病常重。

防治方法

(1)加强栽培管理，增强抗病性。栀子喜半阴和潮湿环境，喜肥，适生于肥沃疏松的壤土。萌芽力强，耐修剪，不耐寒，气温低于−12℃，叶片即受冻害而脱落。应选择疏松、肥沃、湿润的土壤，于雨季带土球栽植。高温、干旱天气应多浇水。花前根施稀薄有机肥，促进花大叶茂。立秋后不能施肥，以免徒长秋梢，遭受冻害。北方盆栽栀子霜降后移入室内，翌春清明后移到露地。

(2)秋、冬季摘除树上重病叶，清扫地面落叶，集中深埋。

(3)发病初期喷洒：77%可杀得可

栀子叶斑病

湿性粉剂1500倍液、1∶1∶200波尔多液或70%甲基硫菌灵可湿性粉剂1000倍液、50%多菌灵可湿性粉剂800倍液、80%代森锌可湿性粉剂500～700倍液等。

栀子缺硫症

又名栀子黄脉病。分布于河北、山东、河南等地。栀子、苹果、柑橘等均可受害，严重时叶片产生枯死斑并脱落，妨碍生长和开花。

症　状　受害植株先自新梢嫩叶失绿变黄，在叶肉仍保持绿色时，叶脉已变为鲜黄色；病叶较小；严重时叶片主脉基部以及叶片基部变为黄褐色，甚至出现坏死斑，容易脱落。而枝条下部老叶仍保持正常的绿色。

栀子缺硫症，病新梢

发病规律　非寄生性病害，缺硫引起。一般叶片正常含硫量约为0.28%，当小于0.13%左右时常表现缺硫症状，而大于0.5%左右时则过量。

防治方法

(1)结合施用绿肥、厩肥、饼肥等有机肥料，施以石膏或石硫合剂残碴等含硫矿物质。

(2)叶面喷洒0.1%硫酸锌（或硫酸锰、硫酸钡）等硫酸盐类溶液。

栀子缺硫症，病株

牵牛白粉病

又名喇叭花白粉病。北京、河北、河南、山东等地都有分布，危害牵牛、矮牵牛等多种花草。

症　状　危害牵牛等的叶片、叶柄、茎。叶片受害初在叶上生不规则的白色小粉斑，与之相对应的叶背面失绿变为黄白色，后小粉斑逐渐扩大可至全叶表面布满白色粉层，后期白粉层中生出许多黑褐色小粒点，即为病

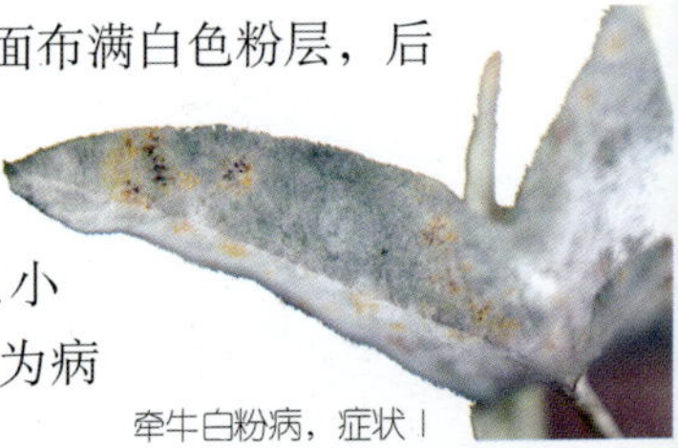

牵牛白粉病，症状Ⅰ

原菌的子囊壳。白粉层在叶片的正面、背面都可能发生，发病前期在正面多，后期叶背面亦逐渐增多。叶柄、茎受害，都生出长条状不规则白粉斑。

发病规律 病原为真菌，单囊白粉菌。病原菌以子囊壳随病株残体越冬，翌年初夏散发出子囊孢子形成初侵染，在生长季节产生分生孢子进行多次再侵染，扩大病情。在北京地区8月下旬开始陆续在白粉层中生出黄色小点，到9月中旬后小点渐变为淡褐、黑褐色。每年6月和9月病情发展较快，炎热的7～8月病情受到抑制。

防治方法

(1)秋后落霜牵牛枯死后，彻底清理枯残株，扫除地面落叶集中深埋或高温沤肥，减少翌年初侵染源。

(2)发病初期喷药防治，可选喷15%粉锈宁可湿性粉剂1000倍液、70%甲基硫菌灵可湿性粉剂800～1000倍液等，每10～15天喷1次，连喷2～3次。

牵牛白粉病，症状II

牵牛白锈病

又名喇叭花白锈病。上海、河南、河北、北京、天津、江苏、云南等地都有分布。危害牵牛、半边莲、紫罗兰、雁来红等多种花卉的叶片、叶柄、花器、萼片、嫩茎，不利于植株正常生长，严重影响观赏效果，是牵牛花的主要病害。

症　状 发病初期，叶面出现淡绿色小斑，后逐渐扩大变为黄褐色，周围有褪绿的晕圈，无明显边缘。后期叶背与叶面病斑相对应处生出隆起的白色疱状斑，表皮破裂后散出白色粉状物，即为病原菌的孢囊孢子。严重时病斑可连成大斑，叶片变褐枯死。嫩茎、花梗感病后肿胀、扭曲，亦生白色疱状斑，散发白粉状物。当病斑围绕叶柄或嫩茎一周时，则上部组织生长不良，直至萎蔫死亡。

牵牛白锈病，花器受害状

发病规律 病原为管毛生物，旋花白锈菌。病菌以卵孢子在病株残体上越冬，翌春温度回升时，病菌借风雨传播危害。春、夏、秋三季都可发病，但以8～9月份发生较普遍而严重。植株生长弱，花圃排水不良或花盆积水，易诱发该病。种植密度过大，通风不良，春秋两季特别是秋季，雨后初晴，

牵牛白锈病，叶片正面症状

牵牛白锈病，叶片背面症状

天气闷热，湿度大，病害易流行。种子常带菌，成为翌年侵染的又一来源。

防治方法

(1)加强栽培管理。牵牛适应性较强，喜阳光，耐半荫。喜湿暖湿润，耐干旱、瘠薄，但在阳光充足，排水良好，土壤肥沃处生长特好。为短日照植物，在20℃以上的条件下，经短日照处理很快即可分化花芽而开花。开花适宜的温度为25～30℃。直根性。4月播种于园地、木箱、花盆内均可成苗。生长过程中，在真叶4～5片时摘心可多发枝。要立支架，以利攀绕，生长期内勤浇水，定期追肥。注意排除积水，促进植株生长健壮，增强抗病力，提高观赏性。

(2)生长季节经常检查，早期发现病叶可摘除深埋，秋后彻底清除园内病残株及病叶、落叶及其他寄主残体，集中异地深埋。

(3)发病严重时应喷药防治，可选用20%粉锈宁可湿性粉剂3000倍液、50%疫霉净500倍液、58%瑞毒霉可湿性粉剂600倍液、90%乙膦铝可湿性粉剂600倍液、1∶1∶100波尔多液等。注意药剂交替使用。

(4)种子消毒。育苗时用种子重量0.1%～0.2%的40%拌种双可湿性粉剂等拌种后播种。

秋海棠斑点病

又名秋海棠细菌性斑点病。广泛分布于秋海棠各栽培区。危害多种秋海棠，而以竹节秋海棠、球根秋海棠受害较重。可引起海棠落叶、幼芽枯死脱落、茎枯死，是海棠的一种重要病害。

症　状　侵染秋海棠的叶、茎、芽，以叶受害最重。叶片受害，初生水渍状小斑点，逐渐变为褐色，扩大成为大型不规则病斑，周围褐色，中间灰白色。茎部病斑一般呈纵长干腐状，深褐色，当病斑绕茎一周时，以上部分枯死。如植株生长健壮，有时虽有病斑，但扩展缓慢，而且不易引起茎枯死。当

牵牛白锈病，茎受害症状

茎部病斑扩展至幼芽基部时，幼芽基部发黑枯死。有时芽不枯死，但嫩叶基部产生黑色病斑，引起嫩叶脱落。

发病规律　病原为细菌，野油菜黄单胞菌秋海棠致病型。病原菌随植株残体在土壤中，以及在植株病部活体中越冬，为翌春的主要侵染来源。生长期多从皮孔、栽培作业中产生的伤口或害虫危害伤口侵入。露天栽培时，随雨滴飞溅或喷淋水滴传播，高温多湿、降雨次数多而频繁，管理不善，土壤贫瘠植株生长不良，发病往往严重。设施栽培或家庭室内盆栽，采用上方叶面喷水次数多时发病亦常重。

防治方法

(1)加强栽培管理，增强抗病性。秋海棠喜温暖，不耐寒，喜半阴，夏季不可放在阳光直射处。生长适温18～20℃，越冬气温10℃左右。适宜生长于空气湿度较大，土壤湿润的环境。不耐干燥，亦忌积水。应选择疏松、富含腐殖质的土壤。盆栽时每半月追施稀薄液肥1次。栽培过程中注意摘心，通常摘心2～3次，每株有4～6个分枝。花后剪去花枝，可萌发新枝连续开花。在北方冬季不用遮荫，春、秋两季给以少量遮荫，夏季高温时植株呈半休眠状态，须放在通风凉爽的半阴处。

秋海棠斑点病，茎部被害状

秋海棠斑点病，叶部被害状

(2)清除侵染源。发病初应及时摘除病叶并将其深埋（30cm以下）于无寄主区，绝不可将病叶遗弃于盆中或花圃内。

(3)避免从植株上方浇水，以免流经叶面时携带病菌传播蔓延。室内盆栽应放置于通风、透光、半阴处，不可暴晒。管理作业中应防止植株产生伤口。

(4)从无病植株上采取叶片或茎繁殖，不要从病株采取繁殖材料。

(5)药剂防治。发病初期，可选用下列药剂喷雾：14%络氨铜水剂300倍液、77%可杀得可湿性粉剂500倍液、30%琥胶肥酸铜（DT）胶悬剂500～600倍液、0.02%的农用链霉素液、0.25%的新植霉素、抗菌剂“401”800～1000倍液等。每7～10天喷1次，连喷2～3次。最好选用抗生素类药物。

食用仙人掌溃疡病

河北中部、南部温室、塑料大棚内栽培的食用仙人掌上发现该病，被侵染后失去食用价值。

食用仙人掌溃疡病

症　状　侵染食用仙人掌的茎节，初在茎节上产生黄褐色小点，周围失绿变黄，后褐色小点逐渐增大呈圆形、近圆形、不规则形稍突起的褐斑，边缘深褐色，中间颜色稍浅，后期褐斑表面纵向破裂成梭形开口。每个茎节上可发生几十个、上百个大小不一的病斑。

发病规律　食用仙人掌栽植圃内零星发生。病株各茎节都有程度不同的发病，经常是上部1～2个茎节发病较重。

防治方法

(1)发现感病茎节即行剪除，携出园外深埋，并试喷甲基硫菌灵或多菌灵等杀菌剂。

(2)浇水时不要自上方喷淋，要自地面浇水。

香龙血树轮斑病

又名巴西木轮斑病。香龙血树栽培区、引种区都有不同程度发生。危害香龙血树、金边香龙血树的叶片，严重时叶面病斑累累，降低观赏价值。

症　状　受害株叶面上产生圆

形、近圆形病斑，褐色，轮纹状，中央灰白色，直径2～8mm。后期病斑上生出黑褐色小点。

发病规律　病原为真菌，胶孢炭疽菌。病原菌以菌丝体在病部越冬，翌春温湿度适宜时产生分生孢子，借风雨或者昆虫传播，分生孢子萌发通过伤口、气孔或直接穿过角质层侵入，形成新的侵染。在生长期内大量产生分生孢子，扩大危害。高温、高湿、通风不良，植株长势弱时发病较重。在北方温室内金边香龙血树较香龙血树易感病。

香龙血树轮斑病，症状Ⅰ

防治方法

(1)加强栽培管理措施，增强抗病性。香龙血树（巴西木）喜温暖的环境和疏松、排水良好、含腐殖质丰富的土壤。在室温18～24℃的条件下，一年四季均可生长。低于13℃则植株休眠，停止生长。温度太低，因根系吸水不足，叶尖和叶缘会出现黄褐色的斑块。越冬最低温度应在10℃以上。注意通风，防止栽植环境闷热潮湿。盆栽可用腐叶土、泥炭土加1/4的河砂或珍珠岩和少量有机肥配成营养土栽植。每年早春换土1次，生长期内每15天施稀薄液肥1次。在生长旺盛的夏季不可缺水。施肥要氮、磷、钾合理搭配，最好施饼肥，氮肥不要过量，否则花叶园艺品种的花斑可变暗淡。北方温室栽培，春夏秋三季可遮光50%，冬季不遮光。

香龙血树轮斑病，症状Ⅱ

香龙血树轮斑病，症状Ⅲ

(2)经常检查，及时清扫园圃内的枯、残叶片，对个别发病严重的叶片可剪除，集中深埋，保持园圃卫生。

(3)药剂防治：选喷75%百菌清可湿性粉剂600倍液、50%敌菌灵可湿性粉剂500倍液、50%退菌特可湿性粉剂800倍液、70%甲基硫菌灵可湿性粉剂1000倍液等。

香龙血树灰霉病

又名巴西木灰霉病。巴西木栽培、引种区都有不同程度的发生。危害巴西木等多种观叶、观花、观果花木，造成叶片不同程度的霉烂。

症　状　巴西木受害叶片生出褐

香龙血树灰霉病

色病斑，上有灰白色稀疏霉层，当环境高湿温暖通风不良时，病斑迅速扩展呈水渍状软腐，严重时植株大部分叶片染病腐烂。空气干燥时，病叶失水变为黄褐色干枯。

发病规律　病原为真菌，灰葡萄孢。病原菌以菌核及分生孢子在病部越冬，南方及北方温室内无明显的越冬现象。病菌发育温度为4～32℃，最适为20～25℃。分生孢子及其萌发的温度为13.7～29.5℃，最适21～23℃。成熟的孢子借助雨水、气流、灌溉水、棚室水滴和田间作业人为传播，自伤口、坏死组织侵入，亦可自表皮直接侵入。在温暖、高湿环境产生的大量分生孢子是再侵染的主要来源。高湿、温暖、通风不良的闷热环境，是该病发生和流行的主要条件。

防治方法

(1)加强莳养管理。选用疏松肥沃、pH值低于7的土壤栽植，避免雨天浇水，浇水后注意放风排湿。控制大棚或温室的湿度，一般采取上午迟放风，待棚、室温度达到31～33℃，超过33℃时开始放风，将温度降至25℃左右，并保持下去。下午维持20～25℃，如低于20℃，则须闭风，夜间温度保持在5～17℃。

(2)讲究园圃卫生。及时剪除病叶及落地残叶，集中深埋，不要随地抛弃。

(3)药剂防治。于发病初期及时用药，可选喷：1∶1∶200波尔多液、50%扑海因可湿性剂1500倍液、50%多菌灵可湿性粉剂500倍液、70%甲基硫菌灵可湿性粉剂500倍液、45%噻菌灵悬浮剂4000倍液、60%防霉宝超微粉剂600倍液、2%武夷霉素水剂150倍液等。可封闭的棚、室，试用10%速克灵烟雾剂、45%百菌清烟雾剂，每次用量250g/667m^2，或3%噻菌灵烟雾剂等，于傍晚分几处点燃，密闭棚室过夜。视病情连续用药2～3次，每次相隔10～15天。

香椽褐斑病

广东、福建、广西、云南、北京、河北等地。危害香椽叶片，严重时造成叶片枯死脱落，妨碍生长和观赏。

症　状　危害香椽的老叶和嫩叶，在叶片正面的边缘或主脉两侧出现黄褐色斑，进一步扩大为近圆形或不规

香橼褐斑病

则形，大小为：3～5mm × 4～10mm。病斑边缘褐色，中间灰白色，后期病斑内密生细小黑褐色霉点。病斑透过背面，仅背面颜色稍淡。每叶上生有1个至多个病斑，常引起早期落叶。

发病规律　病原为真菌，尾孢菌。病原菌在树上或落地的病叶内越冬，在广东和河北的温室内可常年侵染，在河北石家庄地区温室内 4 月初即可见到病菌子实体。整个生长季节产生大量分生孢子，进行多次再侵染。植株过密、通风不良、多雨、潮湿或者遭受冻害生长不良时，发病往往严重，造成大量落叶。

防治方法

(1)经常检查，发现病叶及时摘除，同时捡拾地面落叶一并装入塑料袋中，带出园外集中深埋。

(2)发病初期喷洒：77% 可杀得可湿性粉剂 1500 倍液、65% 代森锌可湿性粉剂 600 倍液、70% 甲基硫菌灵可湿性粉剂 1000 倍液等，视病情喷 2～3 次。

海芋灰霉病

各栽培区都有不同程度发生，危害海芋等多种花卉。

症　状　侵染植株叶、花，叶上常生水渍状褐色大斑，空气湿度大时，生出灰黑色霉层。

发病规律　病原为真菌，灰葡萄孢霉。高湿温暖通风透光不良的环境，植株生长衰弱等，利于该病的发生。

防治方法

(1)加强栽培管理，海芋喜高温高湿及半阴环境，不耐寒，冬季室温不得低于 15℃，忌强光直射，宜栽植于疏松肥沃排水良好的土壤。扦插或分株繁殖。调控设施内的温湿度，在可能发

海芋灰霉病

莲生贵子花叶病

病时，调控为高温（28℃以上）低湿（相对湿度80%以下），创造不利于病害发生的条件。

(2)搞好花圃卫生，及时清除枯叶及病叶，集中深埋。

(3)发病初期喷药防治，可选用50%农利灵可湿性粉剂1500倍液、50%扑海因可湿性粉剂1500倍液等。

莲生贵子花叶病

又称马利筋花叶病、柳叶梅花叶病。北京、天津、河北、河南、江苏等地都有分布。病株叶片常较小，降低观赏价值。

症　状　叶片上不规则分布大小不等的黄色褪绿斑，边缘不甚清晰，叶面略显不平。叶片常较小，花亦较少而小。

发病规律　病毒引起。在花圃零星分布。主要靠常规无性繁殖传播。种子是否带毒、传毒介体等不明。

防治方法

(1)加强检疫。在花圃、花市经常检查，发现病株即行销毁，不得出圃和交易。

(2)不自病株采种育苗。

袖珍椰子炭疽病

广东、江苏、河北、河南等袖珍椰子栽培、引种区都有分布。危害袖珍椰子叶片，降低观赏价值。

症　状　叶面上初生圆形小褐点，后逐渐扩大成椭圆形、纺锤形斑，生在叶缘则成半纺锤形，病斑有深褐色宽边，中央灰白色，后期病斑上散生小黑点。

发病规律　病原为真菌，刺盘孢。病原菌在植株上病叶和落地病残体内越冬，翌春温湿度适宜时产生分生孢子，在生长季节，借风雨传播多次进行

袖珍椰子炭疽病

再浸染。在温室内可周年发病。温暖湿润、结露时间持续长、阴雨天多，病害易流行。环境条件对植株生长不适宜，土壤肥力差，长势衰弱时发病常重。

防治方法

(1)加强栽培管理。及时摘除病叶、老叶，将其集中深埋。注意增施磷钾肥和有机肥，增强植株体抗病力。

(2)发病初期喷洒1∶2∶200波尔多液，每15天喷1次，共喷2～3次。亦可喷洒75%百菌清可湿性粉剂600倍液、36%甲基硫菌灵悬浮剂800倍液、50%混杀硫悬浮剂500倍液、50%扑海因可湿性粉剂1500倍液、40%克菌丹可湿性粉剂400倍液等，每15天喷1次，共喷2～3次。

菊花疫霉病

菊花栽培区都有分布，危害菊花等多种花卉，严重时全株枯死，是设施栽培的重要病害。

症　状　植株各部分都可受害。侵染叶，多自叶缘发病，初期为暗绿色小斑点，进而扩展为不规则大斑，以至扩展至全叶。嫩梢被侵染后呈软腐状，空气湿度低时为干枯状。花被害出现褐色不规则斑。嫩茎被侵染后出现褐色长条状不规则病斑。空气湿度大时，各病部均产生白色霉状物。

发病规律　病原为管毛生物，疫霉。病原物以卵孢子、厚垣孢子或菌丝体随病组织在土壤中越冬。温室、大棚内湿度大、通风不良易于发病。

防治方法

(1) 温室、大棚内植株不要过密，注意通风透光，特别注意适时排湿，防止湿度过大。

(2) 于发病初期喷药防治，可选用25%瑞毒霉可湿性粉剂500倍液、50%灭菌丹可湿性粉剂500～700倍液等，而施放速克灵烟剂、百菌清烟剂等，效果更好。

菊花柳叶病

又名柳叶头。菊花栽培区都有不同程度的发生，病株不能孕蕾开花，丧失观赏价值。

症　状　感病植株8月份以后生出的梢部叶片，变为细长条形柳叶状，全缘无缺刻；基部叶片基本正常，越向上叶缘的深裂愈小，直至端部叶

菊花疫霉病

菊花柳叶病，症状 I

菊花柳叶病，症状 II

片叶缘无缺刻；不能孕蕾开花。

发病规律　病原为植物菌原体。病株在花圃零星分布，主要靠分根、嫁接、压条、扦插繁殖而传播扩散。

防治方法

(1)加强产地检疫和调运检疫。在园艺作业中发现病株即拔除销毁。不引进、不调入病苗，花苗调入后要进行复检。

(2)不自病株上采集接穗等无性繁殖材料，不用病株进行分根、压条等繁殖。

菊花白绢病

我国南北各地都有不同程度发生，以长江流域发生较严重。危害菊花、大丽花等多种花卉。

症　状　主要侵染植株基部及接触地面的叶片。茎基部受害变为褐色、腐烂，茎、叶萎蔫，严重时全株枯死。大棚、温室内的菊花插穗亦可受害腐烂不能成活。腐烂的病部皮层易剥落，病组织表面生出一层白色绢丝状物，即菌丝体，边缘呈放射状。发病后期，病部生出许多茶褐色、油菜籽状的菌核。天气潮湿时菌丝体可扩展到根际土壤表面，并产生菌核。

发病规律　病原为真菌中的小菌核菌。病原菌以菌核在土壤中或以菌丝体随植株病残体在土壤中越冬。通过菌丝体在土壤中蔓延而传播，菌丝体或菌核通过雨水、灌浇水、园艺作业活动亦可传播。菌核的抗逆性强，可在土壤中存活5～6年。连作有利于病原菌的积累。植株过密，通风透光不良，以及高温高湿的环境都有利于病害的发生。温室、大棚内通风不良，湿度过大，发病尤重。

防治方法

(1)拔除病株，并连同根际土壤（含菌核）一起清除，集中焚烧，并在病穴内撒布生石灰等消毒。

(2)加强花圃管理。选用疏松肥沃通透性良好的土壤，栽植不要过密，浇水不宜过多，保持良好的通风透光状态。

(3)发病初期根际处撒药土。可用15%粉锈宁、50%甲基立枯磷、50%代森铵或20%稻脚青等拌以50～60倍细沙土配成毒土。亦可喷药，选用50%多菌灵800～1000倍液、75%敌克松可湿性粉剂500～800倍液、50%退菌特可湿性粉剂800～1000倍液等，10～15天1次，视病情连喷2～3次。

绿萝软腐病

又名蔓绿绒软腐病。各栽培引种区都有发生。造成叶柄、茎部腐烂，其上部萎蔫枯死。

症　状　危害绿萝绿色嫩茎和叶柄。初期在绿色嫩茎或叶柄上产生边缘模糊的水渍状斑，后迅速向上、向下并横向扩大，继而嫩茎、叶柄内部组织开始软化腐败，并发出恶臭。当病斑绕叶柄一周后，其上部倒折发黄。

发病规律　病原为细菌，软腐欧文氏杆菌。病原菌在4～39℃范围内均可生长，最适温度为25～30℃，致死温度为50℃时10分钟。在不透风、闷热、湿度大的环境易发生和流行。

防治方法

(1)注意通风，浇水要见干再浇水，浇水就浇透，不要勤浇。从盆边浇水，尽量不要用上方浇水，尤其是发现感病后，更不能从上方喷淋浇水。

(2)发现病叶后要立即将病部连同部分未感病的健部一起剪除。嫩茎感病，要连同病斑上下各2cm未表现症状的嫩茎一起剪除，上部的健康嫩茎还可扦插繁殖利用。

(3)喷药防治：发病初期可选喷50%琥胶肥酸铜可湿性粉剂500倍液、

菊花白绢病

绿萝软腐病

绿萝细菌性叶斑病

缀化彩云阁茎腐病

77% 可杀得微粒可湿性粉剂 500 倍液、14% 络氨铜水剂 300 倍液、72% 农用链霉素可溶性粉剂 400 倍液、新植霉素 4000 倍液等，每 10 天喷药 1 次，共喷 2 次。

绿萝细菌性叶斑病

各栽培区都有发生，危害绿萝等叶片。降低观赏价值。

症 状　侵染绿萝叶片，初期在叶片上形成水渍状坏死斑，后迅速变为黑褐色，病斑上常有深、浅相间的轮纹，外围有黄色晕圈。幼叶被侵染后，常致叶片畸形。

发病规律　病原为细菌中的菊苣假单胞菌。病原菌存活于土壤中，主要通过水滴迸溅或叶片磨擦，通过伤口或气孔侵入。发病适宜的温度为 17～23℃。发病多在低温期。

防治方法

(1)结合管理细致检查，发现病斑及时剪除，或剪除重病叶。

(2)喷药防治。可选用 84.1% 好宝多可湿性粉剂、56% 靠山水分散剂、72% 农用硫酸链霉素、60% 琥·乙膦铝可湿性粉剂等，每 10 天喷 1 次，连喷 2～3 次。

缀化彩云阁茎腐病

各栽培区时有发生，危害缀化彩云阁、彩云阁、仙人掌等多种花卉。

症 状　主要发生于近地茎部，有时见于上部茎节。病部呈现水渍状黄绿色至黄褐色斑块，逐渐变软腐烂，后期常仅剩干枯的外皮或仅剩芯轴。腐烂的快慢随病原菌和温湿度的不同而异。

发病规律　病原为一些管毛生物、真菌和细菌。用菜园土或未经充分腐熟、消毒的垃圾土作盆土使用，以及遭受低温、虫害等伤口多时，易于发病。

防治方法

(1)强化栽培管理。冬季要保持在5℃以上。选择疏松、肥沃的砂壤土，自春到秋可适当浇水、施肥，亦可露地栽植。

(2)发病初期可将病部用刀割去，并在病部涂以硫磺粉或木炭末，晾干伤口，促进伤口愈合。

(3)喷药防治，可用80%炭疽福美可湿性粉剂800倍液、20%甲基立枯磷乳油1200倍液等。

斑马轮纹病

又名黛粉叶轮纹病、花叶万年青轮纹病。各栽培区都有发生，危害大王黛粉叶、夏雪黛粉叶、白玉黛粉叶、喷雪黛粉叶等的叶片，大大降低观赏价值。

症 状 叶面生出圆形、近圆形大小不一的病斑，周缘深褐色，中央色较浅，有褐色轮纹，后期病斑上散生许多小黑点，有时破裂。

发病规律 病原为真菌，刺盘孢。病原菌在病部或病残体上越冬。分生孢子借风雨或昆虫传播。适宜发病的温度为22～27℃，相对湿度为85%～95%。温暖高湿利于发病。

防治方法

(1)加强栽培管理。斑马喜温暖，生长适温为昼温30℃，夜温25℃，冬季可耐10℃低温。温度要在15～18℃以上才能生长。栽培土以排水良好富含腐殖质的砂壤土为好，可用园土和腐叶土混配。喜明亮光照，在明亮光照下，则叶色鲜明。夏季可置于户外树荫下，但过于荫蔽，则叶面色彩会逐渐减少，绿色部分增大；但如阳光直射，叶面会变得粗糙，出现焦叶。栽培于室内时，夏季每周浇水2～3次，如温度高于25℃，要叶面喷水。对肥料要求不多，每月施稀肥1次即可，要偏施氮肥，使叶色光亮、青翠。扦插繁殖。

(2)搞好棚室卫生，及时摘除严重病叶，集中深埋。

(3)发病初期喷药防治，可选用：70%甲基硫菌灵、75%百菌清、50%敌菌灵等。

琴叶榕疫腐病

琴叶榕栽培、引种区有不同程度的发生。危害琴叶榕叶片和茎部，造成叶片枯死或全株死亡。

症 状 叶部感病后出现水渍状灰色病斑，迅速增大，发展成暗褐色并腐烂。茎部感病后出现暗褐色病斑，

斑马轮纹病

琴叶榕疫腐病

新几内亚凤仙花褐斑病

如病斑环割茎部，其以上部分即枯死。

发病规律 病原为管毛生物，疫霉。病原菌随病株残体在土壤中越冬，或在植株病部越冬。通过雨水和灌溉水传播蔓延，或植株病部病原随风雨传播。夏季高温置于室内，不见阳光，密闭不通风，最易发病。

防治方法

(1)加强栽培管理，增强植株抗病性。琴叶榕栽植宜选用砂质壤土或壤土，排水良好，全日照或半日照，要求通风良好，温度较高，冬季不低于10℃。苗圃地避免连作。施用复合有机肥，防止偏施氮肥。夏季置放于室外半阴处或湿润、光照较充足处。室内观赏应置于有光照、通风处，时间不宜过长。冬季宜放于室内温暖通风向阳处，浇水不要太多，保持土壤湿润即可，注意清除叶面尘土，保持叶面清洁干燥。

(2)盆栽植株发病后要迅速移至通风向阳有充分光照处，叶面不要喷水，并要剪除重病叶。轻病叶可将病斑连同部分健康组织剪除，再喷洒多尔多液保护，或喷洒80%代森锌可湿性粉剂500倍液、25%甲霜灵可湿性粉剂500～800倍液等，注意药剂轮换使用。

(3)病死株被清除后，土壤要浇灌1%硫酸铜液或撒生石灰粉等消毒。

新几内亚凤仙花褐斑病

我国南北各地均有发生。主要危害新几内亚凤仙花、凤仙花的叶片，使叶片病斑连片，以致变褐枯黄脱落，严重的植株死亡。

症　状 受害叶片上，初生浅黄褐色小点，稀疏或稠密，后扩展为圆形或近圆形病斑，一般直径2～10mm，有的可达16mm，后期中央变为淡褐色，边缘褐色，具有不明显的轮纹，空气湿度大时，病斑上密生橄榄色霉状物，即为病原菌的分生孢子梗和分生孢子。

发病规律 病原为真菌，凤仙花灰星尾孢霉。病原菌以菌丝体在病株残体中越冬，翌年条件适宜时形成分生孢子，借风雨飞散传播。高温多雨的季节，易于发病。温室内常年可发病。

果实可能带菌，成为一个初侵染源。

防治方法

(1)秋霜后彻底清除花圃内的植株及其残体，运出花圃外集中深埋或高温沤肥。

(2)播种前种子消毒。用种子重量0.2%～0.3%的敌克松、代森锌或福美双拌种，或用50%敌菌灵可湿性粉剂500倍液、10%福尔马林液、50%甲基硫菌灵可温性粉剂800倍液等浸种10～20分钟均可。

(3)药剂防治。发病前喷洒1～2次1∶1∶200波尔多液预防。发病后选喷50%甲基硫菌灵可湿性粉剂1000倍液、75%百菌清可湿性粉剂800倍液、50%多菌灵可湿性粉剂1000倍液、65%代森锌可湿性粉剂900倍液等。

福禄考疫病

福禄考栽培区都有发生，主要危害福禄考叶片，亦危害茎，造成叶片腐烂枯死，全株倒伏，降低甚至失去观赏价值。

症　状　主要侵染叶片，多自叶缘生暗绿色小斑，后渐扩大为不规则形的大斑，严重时整叶可被侵染。湿度大时病部呈软腐状，湿度较低时呈淡褐色干枯状。茎部受害则出现长条形或不规则形褐斑，严重时茎部腐烂而倒伏。

发病规律　病原为管毛生物，疫霉。病原菌以卵孢子、厚垣孢子或菌丝体随病株残体在土壤中越冬，翌春产生孢子囊，通过灌溉水、雨水传播。地势低洼，偏施氮肥，重茬连作，以及毗邻其他花卉病株，发病常重。7～8月高温高湿的年份发病亦重。

防治方法

(1)加强栽培管理。福禄考喜冷凉，较适合高冷地栽培。栽培土以富含有机质的壤土或砂壤土最佳，并需良好的光照、排水。其品种多，1、2年生者用播种法繁殖，宿根性者用分株法、扦插法繁殖。秋、冬、早春均可播种。将种子均匀撒播于疏松土壤中，覆细土，保持湿润，在15～20℃温度下5～7天即可发芽。当苗高5～7cm时移植。定植成活后摘顶促进分枝多开花。生育适温为10～25℃。在生育期内每30～40天施稀肥1次，注意浇水，保持土壤湿润，忌过度干旱或过湿。注意

福禄考疫病

榕病毒病

花圃通风透光，栽植密度不可过大。

(2)秋后清洁花圃，拔除枯死植株，清扫枯枝落叶，集中高温沤肥或深埋。

(3)发病初期喷洒农药。选用50%退菌特可湿性粉剂500倍液、80%代森锌可湿性粉剂700倍液、25%瑞毒霉可湿性粉剂500倍液等，每10～15天喷药1次，视病情连喷2～3次。亦可用退菌特等药液灌根。

榕病毒病

又名榕树斑叶病、斑叶榕。我国南、北方都有零星分布，危害榕树以及厚叶榕、人参榕等。

症　状　受害榕树叶片不规则块状失绿而变为乳白色，白色斑相互连合而成为更大白斑，通常叶缘白色，叶片主脉两侧仍保持绿色。病株较健株矮小，枝条细弱，叶片较薄，绿色亦较淡。病株叶片均表现症状。

发病规律　病毒引起。该病在花圃零星分布，为系统侵染的病害，可通过病株枝条扦插、压条繁殖而扩散。其他传毒介体不明。

防治和利用

(1)加强栽培管理，减轻病情。榕树性喜高温多湿，日光充足，生长适温20～30℃，土壤以肥沃的砂质壤土或壤土最佳，排水良好，全日照或半日照均宜。每1～2个月追肥1次，注意增加磷钾肥的比例，尤其是人参榕。采用扦插、高位压条法繁殖，人参榕需用播种法繁殖。一般榕树繁殖不要利用病株的枝条扦插或高压。

(2)可作为园艺品种——斑叶榕，适当繁殖观赏。

碧桃花腐病

又名碧桃褐腐病。山东、四川、云南、河北、浙江、江苏、北京、辽宁等地。危害碧桃、桃等核果类花木的花以及叶，引起烂花、烂叶，妨碍生长降低观赏价值。

症　状　花受侵染后，初在花瓣端部及雄蕊产生褐色水渍状小斑点，后逐渐扩展至全花变为褐色而枯萎。空气湿度大时，病花很快腐烂，表面生有灰色霉层；如空气干燥则病花萎垂干枯，残留枝上，经久不脱落。有时叶亦受害，自叶尖或叶缘变褐腐烂，空气湿度大时亦产生灰色霉层。

发病规律　病原为真菌，灰丛梗孢霉。病原菌主要以菌丝体在病花、病叶等处越冬，翌春产生分生孢子，借风雨或昆虫传播，借气孔、皮孔等自

碧桃花腐病

然孔口以及虫害伤口侵入危害。花期如低温、多雨发病常重。温室内，如在花期湿度大，不能适时放风排湿，病残体又多，病害常常蔓延快，发病重。

防治方法

(1)加强栽培措施，增强抗病性。碧桃喜光，耐旱，不耐水湿，喜温暖气候，亦较耐寒，当极端低温达 -12℃的地区仍可露地栽培。适生于肥沃而排水良好的土壤。秋季落叶后或早春均可栽植。栽植不宜过深，栽植穴施足底肥，带土球栽植。修剪以疏枝为主，常整为自然开心型。夏季追肥 1～2 次，初冬结合修剪施有机肥作基肥。

(2)清除发病来源。发现病花、病叶及时摘除；同时搞好大棚、温室卫生，及时清扫落叶、枯枝。

(3)棚室花腐病的生态防治。根据自然气温的升降，调节棚室内的温度和湿度。在碧桃开花前和花期，如温度较低，棚室内较干燥，应注意增温、保温，白天可通风，傍晚早闭棚，夜间不通风。如温度较高，湿度较大，应注意降温除湿，白天多通风，傍晚迟闭棚，夜间适当通风。如温度较低，湿度较大，应注意增温除湿，控制浇水，白天多通风，傍晚迟闭棚。

(4)如前 1 年发病较重，可于花前喷洒 1 次 45% 晶体石硫合剂 30 倍液，初花期喷洒 1 次 80% 代森锌可湿性粉剂 600 倍液，花后喷洒 1 次 50% 扑海因可湿性粉剂 1500 倍液等。

碧桃根癌病

碧桃栽培和引种区。危害碧桃以及月季、桃花、榆叶梅、李、紫藤、夹竹桃、罗汉松、印度橡皮树、大丽花、菊花、金钟花等 60 科 140 个属的木本和草本植物，可造成生长衰弱，个别严重植株可致死亡。

症　状　多发生在根颈处及侧根上，个别发生在主根上。被害处发生圆形瘤状物，初为灰白色，表面光滑，质地软，随瘤体增大，颜色逐渐加深至黄褐、黑褐色，表面粗糙以至龟裂、破损，质地逐渐变得坚硬。瘤体多近似球形、扁球形，以至不规则形，大小不等，小的仅 1～2cm，一般 3～5cm，个别达 20～30cm。病株长势衰弱，枝叶瘦黄稀疏，提前落叶，花少，花期短，严重时全株死亡。

发病规律　病原细菌中的癌肿野杆菌。病原菌在病部皮层内，或随破裂的肿瘤残体在土壤中越冬，借灌溉水、雨水、地下害虫或园艺作业工具传播，

碧桃根癌病

运距离传播主要靠病苗的长途调运。病原菌自各种伤口侵入植株。地势低洼、积水，土壤pH值高时发病常重。

防治方法

(1)严格检疫。苗木出圃严格检查，发现病株要烧毁，对与病株同一苗床但未表现症状的可疑苗，要用1%硫酸铜液浸泡5分钟后用清水冲洗干净，然后栽植。

(2)加强园艺措施。选用排水良好、肥沃、中性或微酸性没有被病原菌污染的土壤育苗。如土壤已感染病菌，要用非寄主植物轮作3年以上再行育苗。盆栽土壤也要选用上述适宜的土壤。嫁接最好采用芽接、枝接法，不要采用劈接、切接法，以避免与土壤接触，减少传染机会。注意防治地下害虫，田间作业时避免伤根、伤干。

(3)药剂防治：对珍稀植株，发现瘤体可用利刃切除，然后涂抹甲冰碘液消毒，其配比为：甲醇50：冰醋酸25：碘片12，混合均匀。或涂5°Be石硫合剂、1%硫酸铜液或1：1：100波尔多液。青霉素、链霉素、土霉素亦有治疗作用。

(4)生物防治：将放射土壤杆菌Agrobacterium radiobacter K84施于土壤中，可产生对该病原菌有特殊抗性的抗菌素Agrocin K84。方法是将该抗菌素制剂用水稀释为1×10^6单位/ml的浓度，用于浸根、浸条或涂抹伤口，有效期可达2年。

碧桃细菌性穿孔病

各桃花、碧桃栽培区都有发生，可造成落叶，枝条衰弱，降低观赏价值。

症　状　碧桃等核果类花木的叶受害最重，也危害枝和果。叶上初生水渍状小点，后渐扩大为圆形或不规则形，紫褐色至黑褐色斑点，直径约2mm，周围有水渍状黄绿色晕环，边缘有裂纹，最后脱落穿孔。孔的边缘不整齐。枝的病斑有两种：一为春季溃疡斑，发生在前一年夏季已被侵染发病的枝条上。病斑暗褐色小疱疹状，直径约2mm，后扩展可达1～10cm，宽度多不超过枝条直径的一半。二为夏季溃疡斑，夏末在当年生嫩枝条上发生，圆形水渍状，暗褐色，稍凹陷，边缘水渍状，潮湿时，其上溢出黄白色黏液。

碧桃细菌性穿孔病，叶片穿孔状

发病规律　病原为细菌中的黄单胞杆菌。病原细菌在病枝条皮层组织内越冬，翌年开始活动。碧桃开花前后，病菌从病组织中溢出，借风雨或昆虫传播，经叶片的气孔、枝条的皮孔、芽痕和果实的皮孔侵入，潜育期7～14天。枝条溃疡斑内的细菌可存活1年以上。春季溃疡斑是该病的主要初侵染源。夏季气温高，湿度小，溃疡斑易干燥，外围的健康组织容易愈合，所以溃疡斑中的病菌在干燥条件下经10～13天即死亡。气温19～28℃，相对湿度70%～90%利于发病。该病一般于5月出现，7～8月发病严重。该病的发生与气候、树势、管理水平等有关。温度适宜，雨水频繁或多雾、重雾季节发病重。大暴雨时细菌易被冲到地面，不利其繁殖和侵染。一般春秋两季病情扩展较快，夏季干旱月份扩展缓慢。树势强比树势弱发病较轻且晚，树势强病害潜育期可达40天。地势低洼、排水不良、通风透光差、偏施氮肥等发病重。

防治方法

(1)加强树体管理，增施有机肥，不要偏施氮肥，合理修剪造型，注意通风透光。

(2)结合冬季修剪，剪除病枝、枯枝，彻底清除落叶，集中深埋。

(3)喷药保护。病重棚室，发芽前喷5°Be石硫合剂或45%晶体石硫合剂30倍液、1∶1∶100波尔多液、30%绿得保胶悬剂450倍液等。发芽后选喷：硫酸锌石灰液（硫酸锌1∶消石灰4∶水240）、72%农用链霉素可溶性粉剂3000倍液、硫酸链霉素4000倍液，还可喷洒机油乳剂10∶代森锰锌1∶水500的混合液，兼治蚜虫、介壳虫、叶螨等。每15天喷1次，喷2～3次。

碧桃细菌性穿孔病，枝上春季溃疡斑

碧桃霉斑穿孔病，症状 I

(4)少量植株发病，可随时摘除病叶，剪掉病梢，并喷洒硫酸石灰液或硫酸链霉素液等。

碧桃霉斑穿孔病

各栽培区都有发生，危害碧桃、桃花、樱桃等。

症　状　主要侵染碧桃的叶，亦侵染枝梢、花芽和果实。叶片受害多产生圆形或不规则形斑，温度高时，在病斑背面生出黑色霉状物，后病斑脱落形成穿孔。被害后枝梢上以芽为中心形成长椭圆形病斑，边缘紫褐色，并发生裂纹和流胶；花梗染病，花未开即枯落；果上生小型紫至褐色凹陷圆斑，边缘红色。

发病规律　病原为真菌，嗜果刀孢霉。病原菌以菌丝体或分生孢子在被害部越冬。翌春产生分生孢子，借风雨传播，自幼叶侵入，再侵染枝梢和果实。低温多雨利于病害的发生和流行。

防治方法

(1)强化管理，增强树势。合理施肥，避免偏施氮肥。如地下水位高、土壤黏重，注意改良土壤。结合修剪，及时清除病枝梢，清扫落叶，集中深埋。

碧桃霉斑穿孔病，症状 II

(2)早春喷洒 30% 绿得保胶悬剂 500 倍液、50% 甲基硫菌灵可湿性粉剂等，每 15 天喷 1 次，视病情连续喷洒 2～3 次。

橡皮树灰霉病

又名印度橡皮树灰霉病。分布于广东、云南、福建、广西、江苏、上海、浙江、北京、河北、湖南、四川等地；缅甸、印度。危害印度橡皮树和光叶橡皮树等多种花木的叶片，引起叶片霉烂脱落。是温室和南方春季橡皮树的常见病害。

症　状　老叶以及新叶均可受害。老叶被害，叶面出现褐色病斑，可扩展成直径 20～45 mm 的大斑。近圆形或不规则形；闷热潮湿时病斑上生出灰黄色霉层，病斑干缩失水后常破裂。新梢嫩叶被害初为淡褐色小斑，后扩展为不规则形，高湿时斑上生出灰黄色霉层，致其腐烂。新梢被害枯死后，常萌出几个新蘖，形成多头。

发病规律　病原为真菌，灰葡萄孢。病原菌主要以菌丝体、菌核以及分生孢子在病叶、病落叶或病株残体中越冬，抗逆性强。翌春温度回升，湿度大或遇雨时，迅速产生分生孢子，或自其他花木、水果、蔬菜等寄主病部产生分生孢子，借气流传播，造成新的侵染。温室养植，开春后温室内昼夜温差较大，如放置密度过大，通风透光差，发生常重。浇水过度，常喷淋叶面，亦易发病。周围花木发病严重，花圃或温室病残体多，加上温度高湿度大，常致病害流行。

防治方法

(1)发现病梢、病叶及时剪除，清扫病落叶，集中深埋。

橡皮树灰霉病

(2)温室养植橡皮树，密度要适当，不宜过密，注意通风透光。浇水要从盆沿浇入，不要自上方喷淋。防止园艺作业过程中人为传染病菌。摘心时在伤口上敷以草木灰可止树液流出，以防树势衰弱。

(3)药剂防治。可施放速克灵烟剂，百菌清烟剂等，亦可选喷：70%甲基硫菌灵可湿性粉剂1000倍液、60%防霉宝超微粉剂600倍液、50%农利灵1500倍液等。

橡皮树炭疽病

又名印度榕炭疽病、印度橡皮树炭疽病。分布于云南、广东、广西、江苏、浙江、上海、北京、天津、河北、辽宁、湖南、四川、重庆等地；印度、缅甸。危害印度橡皮树和光叶橡皮树的叶片，常造成早期落叶，影响观赏。是我国南北方庭院和盆栽橡皮树的重要病害。

症 状　病斑发生在叶的端半部、近主脉处或近叶缘处，初为黄褐色小点，后逐渐扩展为近圆形或不规则形大病斑，直径可达20～40mm，甚至更大，病斑可达叶片的1/2或大部，褐色至

橡皮树炭疽病，初期症状

橡皮树炭疽病，后期症状Ⅰ

棕褐色，边缘黑褐色，周围有黄色晕圈。后期病斑上产生许多黑色小粒点，呈不甚明显的环纹状排列；病斑中央有时破裂，一般1个叶片只生1个大型病斑，少有多于2个的。严重时引起叶片早期脱落。

发病规律 病原为真菌中的橡皮树炭疽菌。病原菌以菌丝体和分生孢子盘在树上病叶或病落叶上越冬。翌春温度回升，湿度适宜时产生大量分生孢子，进行新的侵染。华南热带以及北方温室内可周年发生危害。一般气温高、湿度大、通风不良、光照不足的环境中，发病常较严重。

防治方法

(1)及时清扫病落叶，剪除病叶，一并集中深埋。

(2)大面积发病，可于发病初期喷洒农药防其蔓延，可选喷：70%甲基硫菌灵可湿性粉剂1200倍液、60%炭疽福美800倍液、75%百菌清可湿性粉剂700倍液等，每10天喷1次，连喷2～3次。

橡皮树炭疽病，后期症状Ⅱ

鹤望兰灰霉病

又名天堂鸟灰霉病。我国各栽培引种区都有发生。危害鹤望兰等花卉的叶、花，降低甚至丧失观赏价值。

症　状 花染病后，初呈褐色斑，后逐渐扩大，花瓣变为褐色；叶片被害多自叶尖、叶缘产生水渍状斑，逐渐蔓延至整个叶片，造成全叶变褐干枯或腐烂。在高湿的环境条件下，花、叶的病部均生有灰色霉层，即病原菌的分生孢子梗和分生孢子。

发病规律 病原为真菌，灰葡萄孢。病原菌主要以菌核、分生孢子在病部或随病残体落地越冬，有较强的抗逆性。翌春温度升高，湿度大时从菌核上产生分生孢子。借气流传播，进行新的侵染。菌丝体生长和孢子萌发的适温21℃，相对湿度92%～97%，pH值3～5。多雨潮湿和较凉爽的天气适于该病的发生，通风不良、光照不足加重病情。

防治方法

（1）搞好园圃清洁。经常进行检查，发现病部认真处理：叶片、花瓣上病斑较小时，将病斑连同周围约5mm健康组织剪除，病斑较大时，将整个叶片、花瓣剪除，并将剪下的病残组织集中深埋。及时清扫庭院内的枯叶残花，携出院外深埋。

(2)强化管理。鹤望兰为多年生常绿草木，花期9月至翌年6月，为典型的鸟媒植物，在原产地是靠体重仅2g的蜂鸟传粉，没有蜂鸟地区需人工授粉方可结实。采用分株或播种繁殖。喜温暖湿润气候，光照充足，夏季宜放置于荫棚或树下，冬季则需充足光照。生长适温3～10月为18～24℃，10月至翌年3月份为13～18℃，冬季保持8～14℃为好，但不应低于5℃。栽培土壤需用疏松肥沃的培养土、腐叶土和少量大粒河沙。

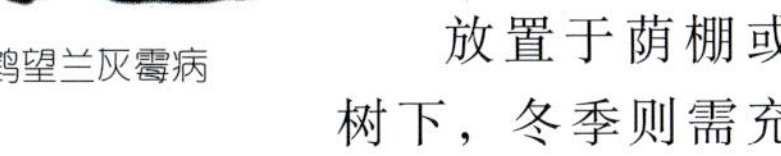

鹤望兰灰霉病

（3）发病初期喷药防治，可选用50%扑海因可湿性粉剂1500倍液、60%抗霉灵可湿性粉剂1500倍液、70%甲基硫菌灵超微可湿性粉剂1000倍液等。

蕙兰叶枯病

又名九子兰叶枯病。蕙兰栽培区都有发生，危害蕙兰、卡特兰、国兰、万带兰等多种兰花的叶片，致其端部以至大部分叶枯死。

症　状　主要危害叶片，初在叶尖或叶缘生出淡绿色圆形小点，其后斑点逐渐扩大，形成灰褐色病斑，边缘黑褐色，外围黄色，后期病斑上轮生许多小黑点，即为病原菌的分生孢子盘。

发病规律　病原为真菌，刺盘孢。病原菌以菌丝体在病部越冬，温室内无明显越冬现象。春季产生分生孢子，借风雨传播至健叶上，遇高湿、高温及植株受冷害、日灼、药害、营养失调等而抵抗力弱时，引起发病。生长期内可产生分生孢子多次再侵染，加重病情。

防治方法

(1)加强栽培管理。蕙兰生长期喜较高的空气湿度和充足的水分。北方空气干燥，需经常在植株及根部喷水。注意通风透光。蕙兰较喜阳光，但不能放在阳光下栽培，春夏秋三季应遮去

蕙兰叶枯病

阳光50%，冬季温室栽培可不遮光或少遮光。花盆以用排水透气性好的陶盆、瓦盆为宜。上盆土壤以酸性疏松肥沃的山泥为好。注意不受冻害和霜害，防止造成伤口。

(2)日常管理中，及时剪除病叶，清除盆中落叶、残叶，集中深埋。初发病时多在叶尖，可将病部连同1cm长的健部剪除，剪口不要平截状，要剪成尖状，似自然叶尖。

(3)于发病初期开始喷药防治。可选喷：77%可杀得可湿性粉剂500倍液、50%混杀硫悬浮剂1500倍液、80%炭疽福美可湿性粉剂800倍液、70%代森锰锌可湿性粉剂400倍液、65%代森锌可湿性粉剂600倍液、2%抗霉菌素水剂200倍液、2%武夷菌素水剂200倍液等，10天左右喷1次，连喷2～3次，为达到药肥兼收之效，喷药时可混入植宝素7500倍液。亦可施放百菌清烟剂等。

蝴蝶兰炭疽病

蝴蝶兰栽培区、引种区都有不同程度发生，危害蝴蝶兰等多种花卉。

症 状 主要危害叶片，初生浅色圆形小斑，后逐渐扩大成褐色近圆形大斑，边缘黑褐色，中间颜色较淡，后期病斑上生出黑色小点，病斑外围黄色。

发病规律 病原为真菌，刺盘孢。病菌孢子以气流、水滴传播，高温、日灼、低温、冷害、营养失调等导致

蝴蝶兰炭疽病

植株生长势弱时，常易发病。北方温室内常年可发病。

防治方法

(1)兰室要通风透光，花盆选用排水透气性好的陶盆、瓦盆。土壤宜选用疏松肥沃的酸性山泥。不使植株遭受高温灼伤或低温冷害。

(2)发现少量病叶可人工剪除。

(3)于发病初期喷药防治，可选用：50%甲基硫菌灵可湿性粉剂700倍液、50%混杀硫悬浮剂500倍液、2%抗霉菌素200倍液等，7～10天喷1次，连喷2～3次。喷药时混入适量植保素7500倍液，有药肥兼收之效。

燕子掌褐斑病

又名玉树褐斑病。燕子掌各栽培、引种区都有零星发生，个别花圃发病严重，造成肉质叶片上斑点累累，降低观赏价值。

症 状 危害燕子掌叶片，沿边缘生半圆形或不规则形淡褐色病斑，或在叶面上生近圆形淡褐色病斑，病斑

边缘褐色或暗褐色，病斑上有淡淡的轮纹，上生有许多小黑点，即病原菌的分生孢子盘。后期病斑严重失水、组织破裂可形成穿孔。

发病规律　病原为真菌，胶孢炭疽菌。病原菌在病叶或病落叶内越冬，翌春产生大量分生孢子，在生长季节进行多次再侵染，夏秋季节不断扩大病情。当花圃内温度高、湿度大，植株生长较弱，上一年病原菌积累多时，发病常重。雨季雨滴迸溅或采用上方喷淋浇水，常加重病情。

防治方法

(1)加强栽培管理，增强抗病性。燕子掌喜阳光，耐半荫，在室内散射光条件下能生长良好。喜温暖，不耐寒，耐干旱。夏季高温期间停止生长，进入半休眠状态，如高温炎热加上通风不良，常引起叶片脱落。要求土壤疏松，排水良好。常用扦插繁殖。盆栽时，花盆底部宜用碎石或瓦片垫作排水层。夏季应适当遮荫，不可在烈日下暴晒，最好放于室外廊边檐下通风良好处，并避开大雨冲淋，以防烂根。在梅雨季节和盛夏半休眠期应控制浇水。冬季北方应放在室内养护，保持盆土稍干燥，室温维持 7～10℃，不能低于 7℃，亦不宜过高。平时养护，肥、水不宜过大，水的管理宁干些不过大，注意整形修剪，保持良好株形。

(2)早发现早防治。经常检查，发现病叶即剪除，集中深埋。

(3)发病初期喷洒 77% 可杀得可湿性粉剂或选喷 70% 甲基硫菌灵超微可湿性粉剂 1500 倍液、50% 混杀硫悬浮剂 500 倍液、75% 百菌清可湿性粉剂 800 倍液等，每 10 天喷 1 次，连喷 2～3 次。

燕子掌褐斑病，症状 I

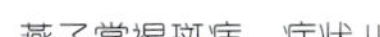
燕子掌褐斑病，症状 II

霸王鞭花叶病

又名金刚纂花叶病。霸王鞭各栽培、引种区零星分布，病株较健株稍矮小。

症　状　霸王鞭叶片上分布大小不一的褪绿黄斑，有的相互连接，黄斑透过叶片背面。

发病规律　病毒引起。该病在一些花圃零星发病。全株性病害。可借扦插繁殖传播。其他传毒介体不明。

防治方法

(1)加强栽培管理，减轻症状。霸王鞭喜强光，高温，耐干旱，不耐寒，宜栽植于排水良好的砂质壤土，注意施肥。忌栽于排水不良的黏重土壤。平时浇水不要过多，尤忌积水。

(2)从无病健株上采集接穗扦插繁殖，不要自病株采集接穗繁殖。

霸王鞭花叶病

(3)如将其作为园艺品种栽培，应严格控制范围，防止大面积扩散。

第三篇

设施花卉常见害虫诊治

山楂叶螨

又名火龙、山楂红蜘蛛、樱桃红蜘蛛、酢浆草叶螨。华北、东北、西北、华中等地普遍发生。寄主有酢酱草、碧桃、泡桐、臭椿、槐树、樱花、柳、杨、木槿、石榴、桃、李、杏、山楂、核桃、山桃、杜鹃、苹果、贴梗海棠、西府海棠、玫瑰、银星秋海棠、球根海棠、榆叶梅、樱桃、榛、梨等。

危害特点　酢浆草被害，叶片初呈密集失绿小白点，后叶片枯死向背卷缩。成、幼、若螨吸食其他木本花卉的芽、叶、果的汁液，叶片受害初呈现许多失绿斑点，渐扩大连片。严重时全叶苍白枯焦早落，常造成第二次发芽，开花，削弱树势，不仅降低当年的观赏效果，并使果实品质下降，甚至不能成熟，还影响花芽形成和翌年的产量。

形态特征

成螨　雌性成虫体长0.5mm，宽0.3mm，前、后体部交界处最宽，体背前部稍隆起。体背面有刚毛26根，分成6排，刚毛细长，基部无瘤。足黄白色，比体短。有夏型、冬型之分，夏型初蜕皮时体红色，取食后变为暗红色；冬型体鲜红色，略有光泽。雄性成虫体长0.4mm，宽0.25mm。身体末端较尖削。初蜕皮时浅黄绿色，渐变为绿色及橙黄色。体背两侧有2条黑绿色斑纹。

山楂叶螨，酢浆草受害状

山楂叶螨，成虫形态

山楂叶螨，木槿被害状

山楂叶螨，杜鹃被害状

山楂叶螨，碧桃叶被害状

山楂叶螨，蒲葵被害状

卵　圆球形，黄白色至橙黄色。

幼虫　体圆形，黄白色至淡绿色。体背两侧出现深绿长斑。有足3对。

若虫　淡绿至浅橙黄色，体背出现刚毛，两侧有深绿长斑。有足4对。开始吐丝。后期雌体卵圆形，翠绿色，体末稍尖削。

生活习性　1年发生代数，甘肃5代，辽宁3～6代，山西6～7代，河北8代，河南12～13代，均以受精雌成螨在树体各种缝隙内以及干基附近土缝里、落叶、枯草中群集越冬。翌春日均温达到9～10℃，正值苹果芽膨大吐绿、梨花盛开时为出蛰盛期，初危害芽，展叶后到叶背吐丝结网危害。取食7～8天开始产卵。卵期8～10天。自第2代后世代重叠现象明显。一般6月份以前，完成1代约需20天，虫量增加缓慢。6～7月份高温、干旱时，繁殖迅速9～15天即可完成1代，数量猛增，此时花卉受害重，进入雨季，虫口显著下降，9月上旬后虫口密度可再度回升，危害至10

月陆续以末代受精雌成螨潜伏越冬。行两性生殖或孤雌生殖。每雌平均产卵量，春秋世代70～80粒，夏季世代20～30粒。天敌主要有小花蝽、食虫盲蝽、草蛉、六点蓟马、小黑瓢虫、隐翅甲、捕食螨等数十种。在花木园圃，当越冬虫口基数大、高温干旱时间来得早且持续时间长，天敌种群数量上升较慢，则往往造成猖獗危害；如果越冬虫口基数较小，6～7月多雨，温度较低，危害常较轻。

防治方法

(1)花木休眠期刮除树枝、干上的老皮，重点是主枝分叉以上的老皮，用一大块塑料薄膜铺在地面，将老皮集中深埋。对幼树可在树干基部培土拍实，防止在土缝中的越冬螨出蛰上树。

(2)早春花木发芽前往树枝、干上喷洒5°Be石硫合剂或45%晶体石硫合剂20倍液、含油量3%～5%柴油乳剂。

(3)春季花木开花前药剂防治。在做好虫情测报基础上喷药，可选用0.3～0.5°Be石硫合剂、10%浏阳霉素乳油1500倍液、2.5%华光霉素可湿性粉剂600倍液、40%水胺硫磷乳油1500～2000倍液、10%天王星乳油6000～8000倍液、20%灭扫利乳油3000倍液、15%扫螨净乳油3000倍液、20%螨卵酯可湿性粉剂1000倍液、25%三唑锡可湿性粉剂1000倍液、5%尼索朗乳油2000倍液、73%克螨特乳油3000～4000倍液、40%乐杀螨乳油2000倍液等。

(4)注意保护、引进和释放天敌。

小地老虎

又名土蚕、地蚕、切根虫、黑地蚕、黑土蚕。国内及世界各地都有分布。幼虫危害多种花卉、林木、果树、农作物，轻则造成缺苗断垄，重则毁种重播。

危害特点　幼虫取食幼苗茎基部，将其咬伤或咬断。

形态特征

成虫　体长21～23mm，翅展48～50mm。头胸部褐色至黑褐色，额上缘有黑条，头顶有黑斑，颈板基部中部各有1条黑横纹。前翅棕褐色，前缘区暗黑，基线、内线黑色双线波浪形；剑纹小，暗褐色黑边；环纹小，扁圆形，黑边；肾纹黑边，外侧中部有一楔形黑纹伸至外线；中线黑色波浪形；外线双线黑色锯齿形，齿尖在各翅脉上为黑点；亚端线微白，锯齿形，内侧M_1～M_3脉间有2个楔形黑纹伸至外线；端线为1列黑点。后翅污白，翅脉深褐色明显，前缘顶角、端线褐色。腹部灰褐色。

小地老虎，幼虫

卵 扁圆形，直径0.5mm，高0.3mm，上面有纵横隆起的线纹。初产时黄色，后变暗。

幼虫 老熟幼虫体长37～47mm，体色暗褐。头部褐色，有不规则的黑色网纹，冠缝极短。体表粗糙，布满大小不均相互分离的稍隆起的颗粒，背线、亚背线及气门线黑褐色。前胸盾深褐色。每个腹节背板上有 2对毛片，前对小，后对较大。臀板黄褐色，有深褐色纵纹2条。胸、腹足黄褐色。

蛹 体长18～24mm。腹部1～3节无明显横沟，4～7节背面有粗大点刻，腹末有短刺1对。

生活习性 年发生代数，广东、广西等地6～7代，长江以南4～5代，黄河以南至长江4代，长城以南至黄河以北3代，长城以北2～3代，在南亚热带地区无越冬现象，在长江以南以幼虫或蛹越冬。各地均以第1代幼虫在生产上造成严重危害。在华北中南部5月中下旬至6月上旬是第1代幼虫危害盛期，夜间危害，白昼潜伏。幼虫共6龄。老熟幼虫有假死性，受惊后卷缩成环形。成虫对黑光灯、糖醋液趋性较强，夜间交尾产卵，卵多产于5cm以下矮小杂草上，如小旋花、小蓟、藜、猪毛菜等，尤以贴近地面的叶背和嫩茎上为多。卵散产或成堆产，每雌产卵800～1000粒。该虫喜温暖潮湿的条件，发育最适温为13～25℃，在低洼内涝、雨水充足、常年灌溉区以及湖泊河流两岸地区的土壤疏松、团粒结构好的各类壤土地带适于发生。

小绿叶蝉，成虫形态

防治方法

(1)早春清除温室、大棚周围杂草。

(2)搞好预测预报，适时开展防治。

(3)采用糖醋液、发酵变酸的水果甘薯、毒饵、新鲜泡桐叶等诱杀成虫或幼虫。

(4)关键是抓好第一代幼虫1～3龄期的防治，可选用敌百虫等多种杀虫剂。

小绿叶蝉

又名小青叶蝉、桃小浮尘子、桃叶蝉、桃小叶蝉、桃小绿叶蝉。分布于江西、江苏、四川、贵州、云南、湖南、浙江、福建、安徽、陕西、河北、北京等地；日本、朝鲜、印度、斯里兰卡、俄罗斯及欧洲、非洲、北美洲。危害碧桃、桃、梅、樱花、紫叶李、山茶、月季、双色茉莉、芙蓉、金橘、桑、柳、李、杏、樱桃、杨梅、葡萄、苹果、梨、山楂、槟果、沙果、柑橘等叶片。

危害特点 成虫、若虫吸食叶、芽

和嫩枝梢的汁液，被害初期叶面出现黄白色斑点，后渐扩大成片，严重时全叶变为苍白色提早脱落。

形态特征

成虫　体长约3.3mm，绿色或黄褐色。头背面略短，向前突，喙微褐，基部绿色。复眼灰褐至深褐色，无单眼，触角刚毛状，末端黑色。前胸背板、小盾片浅鲜绿色，常具白色斑点。前翅半透明，略呈革质，淡黄白色，周缘具淡绿色细边。后翅透明膜质。各足胫节端部以下淡青绿色，爪褐色；跗节3节；后足跳跃式。腹部背板色较腹板深，末端淡青绿色。

卵　长椭圆形，略弯曲，长径约0.6mm，短径约0.15mm，初产时乳白色，渐变为淡黄绿色，近孵化时头部两侧可见2个红色眼点。

若虫　老熟若虫体长约2.5mm，头大，体瘦长，草绿色。翅芽伸至第5腹节，第4腹节膨大，以后各节渐次缩小。

生活习性　华北、西北1年发生4～6代，浙江9～11代，广东12～13代。以成虫在落叶、杂草丛中、树皮缝、低矮绿色地被物中越冬。翌春当气温高于10℃，桃、李、杏发芽后出蛰，飞到植株上刺吸汁液，经补充营养后交尾产卵。卵多产于新梢、叶柄或叶背主脉里。全年分别在5～6月间和8～9月或10～11月间发生2个高峰，南北各地不同。成虫连续孕卵，分批产卵，故越冬代成虫产卵期长达30天，世代重

小绿叶蝉，若虫及初羽化成虫形态

小绿叶蝉，月季叶被害状

小绿叶蝉，碧桃叶被害状

叠现象明显。若虫共5龄。成、若虫喜白天活动，均在叶背刺吸汁液或栖息。成虫无趋光性，善跳，可借风力扩散，旬均气温15～25℃适其生长发育，28℃以上或遇连阴雨、暴风雨天气虫口密度下降。若虫3龄长出翅芽后，喜爬善跳，有横走习性。

防治方法

(1)于春季成虫出蛰前刮除寄主枝干翘皮，清除其周围杂草、落叶枯枝，减少越冬虫源。

(2)在第1次发生高峰出现前喷药防治，可选用20%叶蝉散乳油800倍液、25%速灭威可湿性粉剂600～800倍液、20%害扑威乳油400倍液、40%氧化乐果乳油1500倍液、20%菊·马乳油2000倍液、2.5%敌杀死乳油3500～4000倍液、2.5%功夫乳油3500～4000倍液等。视虫情喷药2～3次。

马　陆

又名北京山蛩虫。分布全国各地。危害仙客来、瓜叶菊、洋兰、铁线蕨、海棠、吊钟海棠、文竹、草坪草等。

危害特点 成虫、幼体取食植株幼苗、幼根、嫩茎和叶，造成损伤和污染。

形态特征

成体 体长约35mm，圆而稍扁，暗褐色，背面两侧和步肢黄色。头部有1对触角。躯干共20节，第2、3、4节每节有1对步肢，自第5节始各有2对。臭腺孔在第5、7、9、10、12、13、15、16、17、18、19节两侧。

马陆，喷洒速灭杀丁乳油后死亡状

马陆，爬行态

卵 白色，圆球形。

幼体 初孵化时白色、细长，形似成体，经几次蜕皮后，体色逐渐加深。

生活习性 1年1代。马陆喜阴湿环境，常生活在花圃、草坪的土石块下，土缝内，一般晴天白昼潜伏，夜晚成群活动；有时白天亦在地面爬行，常为单个活动，夏季雨后晴天出来爬行的最多。危害花木，也以腐殖质为食。成体或幼体受到触碰时，会将身体卷曲成圆环形假死。一般危害花木的幼根、幼苗、嫩茎、嫩叶。卵成堆产于花园、苗圃、草坪的地表，卵外有一层透明黏性物质。每头产卵约300粒。在适宜温度下，卵经20天左右孵化为幼体，数月后成熟。

防治方法

(1)保持温室、大棚内的卫生，清除杂草、土、石块，减少马陆隐蔽场所。

(2)危害严重时，喷洒20%速灭杀

丁乳油3500倍液或50%辛硫磷乳油1000倍液等。

太平树盾蚧

又名平安树盾蚧。河北、北京等地的温室内有发现，危害太平树。

危害特点 若虫、雌成虫吸食太平树叶片汁液，雌介壳大多沿侧脉双行排列，被害叶片受表面有一层透明黏性物质，树势衰弱。

生活习性 在北方温室内全年发生危害。

防治方法 虫口密度较小时，人工刮除介壳，或喷洒40%氧化乐果乳油、50%久效磷乳油等；危害严重时摘除叶片，集中深埋。

月季长管蚜

华北、华东、华中等均有发生。危害月季、蔷薇、十姊妹等。

危害特点 若虫、成虫危害植株的嫩叶、新梢、花梗、花蕾，严重影响植株的生长和开花。嫩梢、嫩叶和花蕾上有发亮的蜜点（排泄物）和蚜虫。其排泄物还滋生煤污病。

形态特征

成虫 无翅雌蚜：体长卵形，长4.2mm，宽1.4mm。体草绿色，少数橙红色；头部土黄至草绿色；触角暗色，其长超过体长；腹管黑色较长，略超过尾部，圆筒形，端部网眼状。有翅雌蚜：比无翅雌蚜略小，体长3.5mm，

太平树盾蚧

月季长管蚜，危害花梗、花蕾

月季长管蚜，危害嫩梢

宽1.3mm。

若蚜 初孵时1mm左右，初为白绿色，渐变为淡黄绿色，比成蚜色浅，复眼红色。

生活习性 1年发生10～20代，冬季在温室内可继续繁殖危害，在江浙一带以成蚜和若蚜在茎干残茬的芽腋内越冬。翌春月季萌发后，越冬蚜在新梢嫩叶上繁殖危害。在石家庄，4月中下旬有翅蚜陆续发生。日平均气温20℃左右，相对湿度70%～80%，繁殖最快，危害亦最严重。其天敌有草蛉、瓢虫、食蚜蝇等。

防治方法

(1)虫口密度大时，喷洒10%虫螨腈悬浮剂、50%丁醚脲可湿性粉剂、40%氧化乐果1000倍液或50%辛硫磷1000倍液、50%杀螟松1000倍液、2.5%溴氰菊酯乳油4000～5000倍液、20%杀灭菊酯2000～2500倍液、50%抗蚜威3000倍液等。

(2)注意保护草蛉、瓢虫、食蚜蝇等天敌。

月季白轮盾蚧

又名拟蔷薇白轮蚧、黑蜕白轮蚧、月季白轮蚧。陕西、山西、河北、辽宁、四川、江苏、浙江、福建、台湾、广东、广西、云南、甘肃、北京、内蒙古等地都有分布。主要危害月季、玫瑰、七里香、蔷薇、黄刺玫、白玉兰等。

危害特点 以若虫和雌虫固着在枝干上，有时在叶上吸取汁液，发生严重时，枝干上布满蚧体，被害处颜色变为褐色，导致树势衰弱，严重时，抽条或全株枯死。

形态特征

成虫 雌介壳近圆形。直径2.0～2.4mm，银灰色。有2个壳点。第1壳点淡褐色，靠近介壳边缘，叠于第2壳点之上；第2壳点黑褐色，近介壳中心。雌成虫体长1.2mm，宽1.0mm，头胸部膨大，中胸处最宽，头缘突明显。后胸和臀前腹节侧缘呈瓣状突出，初期橙黄色，后期紫红色。臀叶3对，中叶位于臀板凹缺内，基部轭连，内缘基部直，端半部向外倾斜；第2、第3叶均双分，端部圆。背腺管5列，第2～4腹节亚中群均为前后2排。围阴腺5群。雄介壳长0.8mm，宽0.3mm，白色，蜡质，两侧近平行，背面有3条纵脊线，壳点位于前端。

若虫 初孵若虫椭圆形，橘红色，固定后暗紫色，其上分泌有白色蜡丝。

月季白轮盾蚧，危害月季致枝条枯死状

触角5节，端节最长。腹末有2根长毛。

生活习性 年发生代数，北京地区2代，南方各地2～3代，以受精雌成虫和2龄若虫在枝干上越冬，翌年4月上中旬开始产卵，卵产于壳下，每年5月上、中旬和8月中、下旬为孵化盛期，每雌虫平均产卵132粒。成虫、若虫常群集于2年生以上枝干或皮层裂缝处危害，严重时似盖有一层白色絮状物。若虫孵化后从介壳下爬出，并在枝干上缓慢爬行，蜕皮后固定危害。此时在枝干上可明显看出暗紫色的若虫，体背蜡丝隐约可见。有世代重叠现象。

防治方法

(1)压低越冬虫口。秋季落叶后至早春植株萌动前，喷洒5°Be石硫合剂或松脂合剂8～10倍液。

(2)结合修剪等管理，及时剪除受害严重的枝叶，并集中深埋。

(3)在若虫孵化盛期后7天内，选喷以下药剂：20%灭扫利乳油3000倍液、50%马拉硫磷乳油1000～1500倍液、2.5%溴氰菊酯2500倍液、20%菊杀乳油2500倍液、40%速扑杀乳油1500倍液等，每7～10天喷1次，喷2～3次。

(4)发生面积较大时，可用高压喷枪喷射清水冲刷枝上的初孵若虫，水中加入0.5%的洗衣粉效果更好。

双齿绿刺蛾

又名棕边青刺蛾、棕边绿刺蛾、大黄青刺蛾、小青刺蛾。分布于北京、河北、辽宁、吉林、黑龙江、山东、河南、江苏、江西、台湾、湖南、四川等地；日本。幼虫危害海棠、樱桃、梅等。

危害特点 低龄幼虫多群集于叶背取食下表皮和叶肉，残留上表皮和叶脉成箩底状半透明不规则大斑；3龄后陆续分散食叶成缺刻或孔洞，白天静伏于叶背，夜间和清晨活动取食，严重时常将叶片吃光。

形态特征

成虫 体长7～12mm，翅展18～26mm。触角和下唇须褐色。触角雌蛾线状，雄蛾双栉状。头顶和胸背绿色。前翅绿色。前缘有黄褐色细边，外缘褐色宽带中内侧具深褐色细边，在Cu_2脉处突伸成锐齿，在M_2脉处略突伸成小齿状，缘毛褐色。后翅苍黄色，外缘附近淡褐色，缘毛黄色有褐线。在臀角处褐色较重。腹背苍黄色。

双齿绿刺蛾，低龄幼虫及其危害状

卵 椭圆形，扁平，光滑。长0.9～1.0mm，宽0.6～0.7mm。初产时乳白色，近孵化时淡黄色。

幼虫 体长约17mm，蛞蝓型，头小，大部缩在前胸内，头顶有2个黑点，胸足退化，腹足小。体黄绿色至粉绿色，背线天蓝色，两侧有蓝色点线，亚背线宽杏黄色，各体节有4个枝刺丛，以后胸和第1、7腹节背面的1对较大，且端部呈黑色，腹末有4个黑色绒球状

双齿绿刺蛾，老熟幼虫在枝干上寻找化蛹场所

双齿绿刺蛾，枝干上的茧

双齿绿刺蛾，大龄幼虫及其危害状

毛丛。

蛹　长约10mm，椭圆形，肥大，初乳白至淡黄色，渐变淡褐色，复眼黑色，羽化前胸背淡绿，前翅芽暗绿，外缘暗褐，触角、足和腹部黄褐色。茧，扁椭圆形，长11～13mm，宽6.3～6.7mm，钙质较硬，颜色常与寄主树皮色相近，一般为灰褐色至暗褐色。

生活习性　在河北中南部、陕西、山西1年2代，以前蛹在树体上茧内越冬。翌春4月中、下旬开始化蛹，蛹期约25天，5月中旬开始羽化。成虫昼伏夜出，有趋光性，对糖醋液无明显趋性。卵多产于叶背中部主脉附近，块生，形状不规则，多为长圆形，每块有卵数十粒，每雌产卵量100多粒。成虫寿命约10天。卵期7～10天。第1代幼虫发生期6月上旬。老熟后爬到枝干上结茧化蛹。第1代成虫发生期8月上旬至9月上旬，第2代幼虫发生期8月中旬至10下旬，10月上旬陆续老熟，

双齿绿刺蛾，寄主严重被害状

爬到枝干上结茧越冬，常数头或数十头群集于树干基部或粗大枝杈处。幼虫天敌有刺蛾广肩小蜂、绒茧蜂和蠋敌

防治方法

(1)入冬至早春，刮除树干基部和枝杈处虫茧；生长季节摘除卵块和低龄群集危害的幼虫，集中深埋。

(2)抓住幼虫3龄前群集危害期喷药防治，可选用40%氧化乐果乳油1000倍液、50%混灭威乳油1000倍液、2.5%功夫乳油3500倍液、2.5%敌杀死乳油3500倍液、20%速灭杀丁乳油3500倍液、10%天王星乳油5000倍液等。

四纹丽金龟

又名四斑丽金龟、葡萄金龟子、葡萄巴拉子、四纹金龟子、中华弧丽金龟、豆金龟子。分布于辽宁、吉林、黑龙江、河北、山西、北京、天津、内蒙古、河南、湖北、山东、福建、台湾、宁夏、青海、甘肃、陕西等地。成虫危害月季、樱桃等。

危害特点　成虫咬食月季等植株的叶片、花蕾、花瓣、花蕊出现孔洞或不规则缺刻。

形态特征

成虫　体长约12mm。黑绿色，有光泽。头及前胸背板金绿色。鞘翅大部黄褐色，沿两翅会合线部分绿色，侧缘有黑色条。触角9节，红褐色，鳃叶较大。唇基短，梯形，前缘钝稍向上翻。前胸背板圆形隆起，强烈闪光，前

四纹丽金龟

缘内弯两角突出，侧缘弧形外弯，后缘外扩，但中部略呈弧状内陷。小盾片三角形。鞘翅宽短，后方明显收窄使臀板裸露于外，翅面纵沟刻点和线条明显。腹部腹面1～5节侧面有白色毛构成的斑点，臀板上具2个白毛斑。前足胫节外侧具2齿，内侧有1根棘刺。前、中足均生1对爪，1爪扁粗端部略分叉，1爪细长不分叉；后足爪不等大，不分叉。两中足间有指形突起。雌虫触角短而粗，足的第1跗节等于其他3节之和，爪瘦小，胫节末端刺大；雄虫触角长而大，足的跗节基部4节等长，爪粗大，胫节末端刺小，爪粗大。

卵　球形至椭圆形，长径约1.45mm，短径约0.95mm。

幼虫　体长约15mm，体乳白色。头部赤褐色，前顶刚毛，每侧5～6根成1纵列；后顶刚毛每侧6根，其中5根成1斜列。肛背片后部具心圆形臀板，肛腹片后部覆毛区中间刺毛列呈“八”字形岔开，每侧由5～8根，多为6～7根锥状刺毛组成。

蛹 长径约为11 mm，短径约为5.5mm。

生活习性 1年1代，以中龄幼虫在30～80cm深土层内越冬。翌春当20cm深土均温达到9.5℃时，幼虫上移至表土层危害，老熟幼虫多在3～8cm深土层里作椭圆形土室化蛹，蛹期8～12天。在河北南部5月上旬始见成虫危害，6～7月为危害盛期。成虫白天活动取食危害，适温为20～25℃，飞行力强，具假死性，晚间入土潜伏，无趋光性。群集危害。成虫寿命25天左右。5月中、下旬开始产卵，喜产卵于地势平坦、疏松、潮湿、富含有机质的2～5cm深土壤内，散产。每雌产卵20～65粒，卵期8～18天。初孵幼虫以腐殖质和幼根为食，稍大后危害根部。当10cm深土均温低于6.7℃时，幼虫移入深土层，11月中旬开始越冬。

防治方法

(1)于早、晚人工震落捕杀。

(2)树上喷药。于花木临近花期喷洒50%杀螟松乳油1800倍液、20%速灭杀丁乳油3000倍液、2.5%敌杀死乳油4000倍液等，每10天1次，连喷2～3次，杀死白天取食花、叶的成虫。

(3)地面施药。用50%对硫磷微胶囊剂300g/667m^2，拌入细土40kg，或5%辛硫磷颗粒剂3000g/667m^{2}拌入细土30kg，制成毒土，均匀撒于花圃地面（后者撒后应及时浅耙以防光解），毒杀傍晚潜入土层的成虫等。

仙人掌盾蚧

又名仙人掌白盾蚧、仙人掌蚧、仙人掌白背盾蚧。分布于广东、广西、云南、四川、重庆、福建、湖南、湖北、江西、天津、辽宁、山东、内蒙古、台湾、河北、陕西、山西、北京、江苏、浙江等；日本、美国、法国、西班牙等。该虫食性专一，主要寄主为仙人掌科植物，如仙人掌、仙人球、令箭荷花、昙花、蟹爪兰、量天尺、仙人指、仙人镜、山影拳、般若、天轮柱等。

危害特点 若虫和雌成虫危害仙人掌类的茎，被害部散布白色圆点，或布满虫体呈一片白色，致使植株生长衰弱或死亡，是仙人掌科植物的重要害虫。

形态特征

成虫 雌虫介壳近圆形，直径2.0～

仙人掌盾蚧 I

仙人掌盾蚧 II

2.5mm，略突起，白色，不透明。2个壳点位于中部，呈暗褐色，相重叠，雌成虫体长约1.2mm，宽约1mm，黄色，梨形，前端阔圆，后端略尖。触角瘤上侧生1根弯毛。腹节侧缘呈瓣状突出。臀叶4对，中臀叶较小，左右分离，顶端钝圆，边缘完整；第2、3、4对臀叶各分2叶，第4对臀叶最小。围阴腺5群。雄介壳长约1mm，白色，长形，蜡质；壳点黄色，突于前端；背面3条纵脊线只中间1条较明显。

若虫 初孵若虫体卵形，淡黄至黄色，触角6节，端节最长，上有5根刚毛及环纹。

生活习性 1年2～3代，以受精雌成虫固着在寄主的肉质茎上越冬。翌春产卵于母壳下，4月上、中旬卵陆续孵化为若虫，扩大危害。有世代重叠现象。

防治方法

(1)注意栽培管理。仙人掌性强健，喜温暖，耐干旱、瘠薄，较耐寒，喜阳光，但夏季应给予适当遮荫。要求中等肥沃、排水良好的砂质土壤。用肉质茎扦插繁殖，于夏季切取茎节，晾干切口直插于盆中砂土中，不浇水，用喷雾器喷雾即可，3～5天喷1次，保持土壤潮湿，生根后方可正常浇水，管理较粗放，惟忌水涝。冬季保持盆土干燥，应置放于温度高于0℃的室内。栽植场所注意通风透光。

(2)加强产地检疫和调运检疫。严禁带虫苗出售和引进。对虫苗应严格进行灭疫处理，方法是用52%磷化铝片剂密封熏蒸48小时，用量为6.6g/m^3。

(3)用硬毛刷人工刷除蚧壳，再喷以40%氧化乐果乳油1000倍液等内吸性杀虫剂。

(4)于若虫初孵期喷药防治，可选用50%久效磷乳油1500倍液、2.5%功夫乳油4500倍液、20%速灭杀丁乳油5000倍液、20%菊马乳油2000倍液、30%桃小灵乳油1800倍液等。

白粉虱

又名温室粉虱、通草粉虱、小白蛾。全国各地均有分布。成虫和若虫以口器刺食瓜叶菊、仙客来、一品红、一串红、倒挂金钟、月季、樱花、桃花、扶桑、茉莉、夜来香、桂花、杜鹃、马蹄莲、菊花、翠菊、蒲包花、向日葵、大丽花、紫薇、丁香、牵牛、牡丹、芍药等花木。被害叶片褪绿、变黄、脱落，植株生长衰弱，甚至全株萎蔫、死亡。还可传播某些病毒病。为温室花卉和家庭室内养花的重要害虫。

危害特点　成虫、若虫群集于叶背面吸食汁液，被害叶片正面褪绿、变黄，有时卷缩，甚至干枯，脱落。还分泌蜜露，诱发煤污病。生长季节连续严重危害，可致全株萎蔫死亡。

形态特征

成虫　雌体长1.0～1.5mm，雄性略小。虫体和翅覆盖白色蜡粉。触角较短，丝状，末端有1根刚毛。喙呈粗针状，刺吸式口器，复眼赤红色，翅膜质，前、后翅上各具1条翅脉。足基节膨大短粗，跗节2节，端部均具2齿。

卵　长约0.22～0.26mm，初产时淡黄绿色，微覆蜡粉，基部具柄，自叶背气孔中插入叶片，渐变为黑色。

若虫　体长约0.5mm，近圆形、扁平，周围有白色放射状蜡丝，淡黄或黄绿色。

伪蛹　长0.7～0.8mm（4龄后），扁平，长椭圆形，淡黄色，半透明，蛹壳背面布满白色絮状蜡丝，体侧有刺。

生活习性　在河北中、南部加温温室内每年发生11～12代，世代重叠

白粉虱，叶面虫体

白粉虱，被害叶褪绿状

白粉虱，虫体被天敌寄生状

白粉虱，观赏南瓜叶背面虫体

白粉虱，一品红叶被害初期

白粉虱，寄主被害失绿状

现象严重。在我国北方冬季野外不能存活，在一般的保护地上也不能越冬，在塑料棚内可越冬，但种群数量急骤下降。冬季白粉虱主要在加温温室花卉上继续危害，无滞育和休眠现象。翌春露地和塑料棚花卉白粉虱的主要来源是由温室移栽的花卉传带以及飞出的成虫。秋季白粉虱进入温室的途径，一是育苗期间感染的白粉虱，随移栽花苗传入；二是温室内残存的杂草和混栽的蔬菜上寄生；三是成虫自秋大棚和露地寄主植物上经门、窗和换气孔飞入。在我国北方，由于露地、塑料棚和温室花卉和蔬菜生产紧密衔接和相互交替，可使白粉虱周年发生。白粉虱还可随花卉、苗木的调运作远距离传播。由于白粉虱世代多，发育速度快，在适宜寄主上，平均温度18.9℃时，30天即可完成1代，存活率高，生育力强，每雌平均产卵124.3～324.0粒，加之温室、塑料棚温暖及花卉集约栽培的条件，天敌抑制作用微弱，因而使其种群呈指数增长趋势，约1代数量可增长64～146倍。白粉虱喜食瓜叶菊、一品红、黄瓜、茄子、西红柿、菜豆、草莓等，韭菜、菠菜、油菜等基本不受害。成虫喜温暖和阳光充足的地方，初为点、片发生，其后迅速蔓延。发育最适温为18～24℃。初孵若虫在叶背游走较短距离后即固着寄生，直到成虫羽化。成虫飞翔力弱，选择嫩

白粉虱，一品红叶被害后期焦枯卷缩状

考氏白盾蚧，蒲葵被害状

叶群集和产卵。成虫强烈趋向黄色。天敌有丽蚜小蜂等。

防治方法

(1)园艺措施。在条件允许的情况下，温室和塑料棚花卉与白粉虱不喜食的韭菜、油菜、芹菜秋冬倒茬，基本切断其生活史；花卉应避免与白粉虱喜食蔬菜混栽；培育无虫苗，生产温室要与冬春育苗房分开，严防虫源互传，摘除带虫老叶携出圃外杀死虫体。

(2)黄板诱杀。在保护地内白粉虱发生初期，放置均匀涂抹机油的黄板，高出植株，诱杀成虫。

(3)生物防治。工厂化生产丽蚜小蜂，花卉保护地内，当一品红上白粉虱成虫1头/株左右时，释放丽蚜小蜂“黑卵”3～5头/株，每10天左右放1次，共放3～4次。

(4)喷药防治。可选喷25%扑虱灵或稻虱净可湿性粉剂2000倍液、2.5%天王星乳油2000倍液、50%爱禾散乳油1000倍液、2.5%功夫菊酯乳油2500倍液、2.5%敌杀死乳油2000倍液等，亦可敌敌畏烟剂熏杀。

考氏白盾蚧

又名椰白盾蚧、白桑盾蚧、全瓣臀凹盾蚧、广菲盾蚧、椰子拟轮蚧、椰袋盾蚧。遍布云南、广东、广西、四川、江西、湖南、湖北、河北、山东、江苏、北京、内蒙古等地。主要危害蒲葵、散尾葵、白兰花、含笑、鹤望兰、夹竹桃、杜鹃、万年青、苏铁、山茶、夜来香、天门冬、夜合、桂花、荷花、玉兰等40余种花木，是我国北方温室中一种常见的重要害虫。

危害特点　以若虫、雌成虫固定在叶片正面和背面、叶柄上以及枝干上。其上散布梨形或三角形雪白色小介壳，介壳上有黄褐色壳点突出于一端。若虫、成虫刺吸汁液，致使叶片出现褪绿斑点，轻者生长衰弱，重者造成落叶，甚至植株死亡。因泌蜜露，在叶、枝干上诱发煤污病。

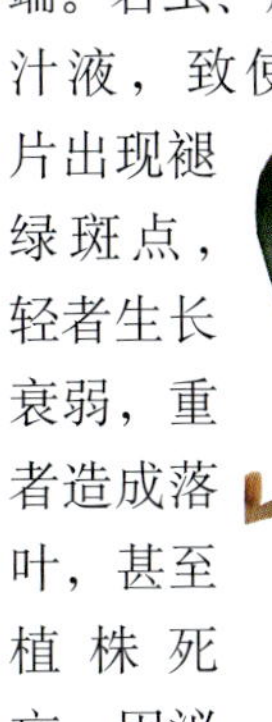

考氏白盾蚧，危害含笑

形态特征

成虫　雌介壳广卵形或梨形，长约2mm，雪白色，壳点偏于前端，第1个壳点淡黄色有一半伸出壳外，第2个壳点黄褐色。雌成虫长卵形，淡黄色；触角间距很近；前胸和中胸部比较

考氏白盾蚧，介壳形态

膨大，后胸最宽，其他各节则渐狭，各节之侧缘突出均较明显，臀前腹节侧缘突出成瓣状；前气门腺一群，无后气门腺；臀板凹较显著；臀叶2对发达，中臀叶大呈“人”字形，陷入或半突出，第2臀叶较小，分2叶，但外分叶很小或退化呈锥状；腺刺存在于胸部和腹部各节；围阴腺5大群。雄介壳白色，长形，前后宽度相似，体背中心线稍隆起，略呈一纵脊，壳点突于前端，群聚在一起并分泌白色蜡粉。

卵　长卵形，橘黄色。

若虫　初孵若虫长椭圆形，橙黄色，可缓慢爬行，虫体背有很薄的透明状蜡质层。

生活习性　1年代数，南、北方均3代，在南方以受精雌成虫越冬，在北方的温室内冬天可继续危害。在广西，若虫发生期依次为4月下旬、7月上旬、9月下旬；北京地区温室内若虫孵化盛期分别在4月下旬至5月下旬、8月中旬至9月下旬、12月上旬至翌年1月下旬。各代发生整齐。每雌虫平均产卵76粒。初孵若虫迅速爬行，寻找适宜场所吮吸汁液。雄若虫多群集，雌若虫多分散于叶背的叶脉分叉处或叶面的叶脉上。固定取食的若虫，开始分泌蜡丝保护虫体。天敌主要有寄生蜂、捕食性钝绥螨、草蛉、瓢虫、日本方头甲等。

防治方法

(1)加强产地检疫和调运检疫。不调出、不购进带虫花木。

(2)加强水肥土管理，合理修枝，保持通风透光的良好条件，及时剪除虫口密度大的重虫枝叶，集中深埋；虫口密度小的枝叶，可人工擦刮蚧虫；保持园圃卫生，促进花木健壮生长，增强抗虫性。

(3)抓住初孵若虫蜡质分泌少抗药性差的有利时机，喷药防治，可选喷40%速扑杀乳油1500倍液、40%氧化乐果乳油1000倍液、2.5%敌杀死乳油3000倍液等。在成虫期可根部浇灌50%辛硫磷乳油1500倍液、土壤埋施15%铁灭克颗粒剂等。

(4)注意保护利用和助迁引进天敌。

同型灰巴蜗牛，成贝形态 I

同型灰巴蜗牛

又名蜓蚰螺、水牛。河北、山东、内蒙古、甘肃、陕西、湖南、湖北、江苏、浙江、北京、天津、江西、福建、广东、广西、云南、四川、台湾等地均有分布。危害多种花卉，如菊花、兰花、鸡冠花、一串红、扶桑、美人蕉、八仙花、大丽花、蜡梅、金橘、柑橘、佛手、月季、紫薇、玫瑰、蔷薇、金银木、紫荆、芍药、牡丹、海棠等。

危害特点　初孵幼贝仅食叶肉，留下表皮，稍大后用齿舌刮食叶、茎，造成孔洞或缺刻，严重时将幼苗咬断，造成缺苗。蜗牛斧足腺体能分泌黏液，凡爬过的叶、茎、干上留有带状、银灰色发亮痕迹。

形态特征

成贝　体长2cm左右，爬行时2.5cm左右。头部和体前段背部淡灰黄色，体后段灰白色。体表有较密的略隆起的灰白色斑块。头部发达，头上有2对触角，前1对长1mm左右，颜色与体色相同或淡灰黑色，后1对长4mm左右，灰黑色。眼生在后触角顶端，黑色。触角能伸缩，眼也能缩入体内。口位于头部腹面，具有触唇。足在身体腹面，面宽，适于爬行。体外有螺旋形硬壳，呈扁圆球形，壳高12mm，宽16mm，有5～6层螺层。壳质较硬，黄褐色或红褐色。螺旋部低矮，体螺层较宽大，周缘中部有1条褐色带。壳口马蹄形或卵形，脐孔呈圆孔状。平时体藏在螺壳内，活动及觅食爬行时，从螺口钻出，将螺壳背伏于体背。

幼贝　体较小，体态似成贝，螺壳灰白色。

卵　圆球形，直径2mm，乳白色有光泽，渐变为淡黄色，近孵化时土黄色。

生活习性　1年1代，以幼贝和成贝在阴暗潮湿处、石块下、土缝里、落叶层、草堆等处越冬，螺壳口用一层白膜封闭。翌年3～4月开始活动取食。一般夜间活动危害，白天则栖息于花木根茎部杂草、落叶、土缝等处。如遇阴雨天或在阴湿凉爽处白天亦活动危害。到夏天干旱季节或遇不良气

同型灰巴蜗牛，成贝形态II

同型灰巴蜗牛，成贝形态III

候条件便隐蔽起来，常分泌黏液将壳口封住，暂时不吃不动。不良气候过后，又恢复活动危害，直至转入越冬状态。蜗牛为雌雄同体、异体受精，亦可自体受精繁殖。在北方，一般4月下旬开始交配，5月间在寄主的根部潮湿疏松土层中或枯叶下产卵，10多粒黏在一起呈块状。卵期约14～31天。若土壤过分干燥，卵不孵化，若将卵翻至地面，接触阳光易爆破。幼贝孵出后，多群集于土层或落叶层下，不久即分散危害，7～8月为幼贝危害盛期。连阴天、空气和土壤湿度大时活动和危害严重。成贝一般存活2年以上。天敌有步行虫、沼蝇、蛙、蜥蜴等。

防治方法

(1)铲除保护地及其附近的杂草。

(2)傍晚在蜗牛常活动的地方，撒生石灰粉或茶枯粉等，毒杀成、幼贝。

(3)人工捕捉成、幼贝，或用杂草、树叶、菜叶等做成诱集堆，引诱蜗牛潜伏其中，再捕杀。

(4)将氨水用水稀释70～100倍，夜间喷洒，可毒杀蜗牛兼施肥。

(5)药剂毒杀。可选用90%敌百虫原药1000倍液、20%菊杀乳油1200倍液；撒施6%密达（四聚乙醛）颗粒剂，用量7～10kg/km^{2}并混沙土150kg；20%蜗牛敌（四聚乙醛）1∶磨碎豆饼或玉米粉20，配成毒饵，于傍晚撒入发生地进行诱杀；喷洒20%蜗牛敌液剂等，每15天喷1次，连喷2次。

华北蝼蛄

又名蒙古蝼蛄、大蝼蛄、单刺蝼蛄、拉拉蛄、地拉蛄、地狗子、土狗子。分布于河北、吉林、辽宁、安徽、江苏、河南、北京、天津、内蒙古、山西、陕西、宁夏、甘肃、新疆等地；俄罗斯、土耳其。成虫、若虫危害多种花卉等播下的种子和幼苗。

危害特点　成虫、若虫在土壤中活动，危害种子和幼苗，幼苗断裂而死的断裂面为撕裂状。导致幼苗死亡，严重时缺苗断垄，造成育苗失败。

形态特征

成虫　体长，雌45～66mm，雄39～45mm。体黄褐色或灰色，腹面略淡。头暗褐色，长卵形，复眼椭圆形，单眼3个，触角丝状。前胸背板盾形，中央有心脏形斑。前翅黄褐色，甚短，后翅纵褶成条，超出腹端。前足扁阔发达为开掘足，中后足较细小，后足胫节背侧内缘有可动棘刺1个，亦有无刺或2刺者。

华北蝼蛄，成虫形态

卵　椭圆形，乳白、黄白至黄褐色。大小为1.6mm × 1.8mm。

若虫　共12龄，5龄以后形状、颜色与成虫相似，但没有翅，只有很小的翅芽。

生活习性　约3年完成1代。以

华北蝼蛄，虫体在地皮下做隧道觅食地面松动状

成虫和 8 龄以上的各龄若虫在土中越冬，翌春 20cm 土温达 8℃的 3、4 月间开始活动。成虫昼伏夜出，以 21 ~ 23 时最盛，特别在气温较高，湿度较大，闷热无风的夜晚大量出土活动。气候凉爽的早春和晚秋多在表土层活动，不到地面上来，在炎热的中午常钻入深土层里。有趋光性和强烈的趋化性。成虫交尾后在土中 15 ~ 30cm 处做土室，产卵其中。每雌产卵量 288 ~ 368 粒。多产卵于低湿地带，高燥地很少。初孵若虫较集中，以后分散活动。到秋季达 8 ~ 9 龄后即入土越冬。

防治方法

(1)施用有机肥要充分腐熟，不要施用未经腐熟的有机肥。

(2)毒饵诱杀。将煮半熟的谷子，炒香的豆饼、麦麸，酒糟或新鲜马粪，拌入上述重量 3% 的 90% 敌百虫晶体 30 倍液，再加入适量水拌成毒饵，用量 5kg/667m^2，于傍晚撒于苗圃，每 20m^2 左右挖 1 个小坑，将毒饵撒入，撒前圃地浇水效果更好。

(3)播种时施用毒谷，毒谷配方是：25% 对硫磷或辛硫磷微胶囊剂 1g 拌入谷子等饵料 25g,每亩用毒谷 5kg，撒于播种沟中，兼治蛴螬、金针虫。

(4)药剂处理土壤。可用 50% 辛硫磷乳油 250g/667m^2，加水 10 倍，喷于 30kg 细土拌匀成毒土，顺垄条施，随后浅锄；或以同样药量混入厩肥中施用，或结合浇水施用。亦可用 3% 呋喃丹颗粒剂、5% 辛硫磷颗粒剂或 5% 地亚农颗粒剂等 2.5kg/667m^2 处理土壤。

(5)农药拌种。可选用35%克百威种衣剂，用量为种子重量的2%。还可用下列药剂按比例拌种：(25%辛硫磷微胶囊剂、25%对硫磷微胶囊剂、50%辛硫磷、50%对硫磷、20%异柳磷) 1：水30：种子400。

吹绵蚧

分布全国，南方受害较重，长江以北主要在温室内。危害桂花、山茶、棕榈、扶桑、牡丹、月季、玫瑰、海桐等250多种花木。

危害特点 雌成虫和若虫群集有时分散于叶背、叶柄、嫩梢和枝条上刺吸汁液，严重时叶片变黄早落，枝梢枯萎，并诱发煤污病。

形态特征

成虫 雌成虫椭圆形，橘红至红褐色，长4～7mm，宽3～3.5mm。腹面扁平，背面隆起呈龟甲状。体外背有白色微带黄色的蜡粉及细长的蜡丝。产卵前腹末向后分泌卵形白色卵囊，初时甚小，随产卵量增多而增大，囊表有15条纵隆起线。雄成虫体长约3mm，细长橘红色，有狭长的黑色前翅1对，翅展6mm，后翅退化为平衡棍。口器退化。腹部8节，腹末有2个肉质突起，其上多生长毛3根。

卵 长椭圆形，长0.65mm，宽0.29mm，初产时橙黄色，渐变为橘红色，密集于卵囊内。

若虫 初孵若虫体长0.66mm，宽0.32mm，卵圆形，橘红色。体上被覆淡黄色的蜡粉及蜡丝。触角、足及体上的毛均很发达。眼、足、触角黑色。腹末有6根细长毛。

生活习性 1年发生代数，我国南部3～4代，长江流域2～3代，华北南部2代，以若虫、成虫或卵在枝干、叶背越冬。雄成虫数量很少，多孤雌生殖，每雌产卵量100～240粒，世代重叠明显。初孵若虫多在叶背主脉及新梢上危害，2龄后逐渐向枝、干转移。雌成虫产卵前喜集居于小枝上，尤其是分杈处固定吸食汁液，也分散单个固定吸食，并分泌卵囊产卵，固着不再移动。雄若虫数量很少，2龄后爬到树干裂皮缝及松土附近作白色薄茧越冬。温暖高湿环境有利于其发生，过于干旱或低温对其发生不利。天敌有大红瓢虫、澳洲瓢虫、红缘瓢虫等。

防治方法

（1）严格检疫，不引进、不调出带虫花木。

（2）结合整形修剪，剪除多虫枝

吹绵蚧，雌成虫卵囊

吹绵蚧，危害状

叶。被害植株少，虫口密度小时，人工刮除虫体。

（3）若虫发生期选喷：50%杀螟松乳油1000倍液、40%氧化乐果乳油1000倍液、20%杀灭菊酯乳油2000倍液等。

（4）盆栽花木可根部埋施3%呋喃丹颗粒剂或15%涕灭威颗粒剂等。用药量因花盆大小和花木种类而异，如直径50cm、高16cm的花盆，可埋入呋喃丹20～25g或涕灭威1～1.2g，施药后浇足水。

（5）注意保护和利用天敌。喷药时避开天敌发生期，或改用根施、涂茎法施药。

咖啡黑盔蚧

又名黑盔蚧、半球盔蚧、咖啡盔蚧、网球蜡蚧。分布于福建、江西、广东、广西、云南、贵州、海南等地及北方的温室内。危害油棕、苏铁、鸭跖草、象牙红、变叶木、龟背竹、吊兰、山茶、柑橘、棕榈、丁香、牡丹、夹竹桃、大叶黄杨、九里香、人心果、石莲、桂花、栀子等。

危害特点　以雌成虫、若虫在植株的叶片、枝条上吸食汁液，轻者叶片发黄，重者枝、叶上虫体连片，分泌物诱发煤污病，影响花卉的生长和观赏，甚至致其死亡，丧失观赏价值。

形态特征

雌成虫　后期雌成虫半球形，直径约2.5mm，高约2mm，形似钢盔，黄褐至深褐色，虫体背面高度硬化，光滑有光泽，具有许多圆形或卵形网眼，网眼之间距离约等于网眼的直径。触角7～8节，足细长。幼期和前期雌成虫扁平，浅黄或红色而有暗斑，此期体背常有“H”形纹。

卵　长椭圆形，长约0.21mm，浅粉红色。

咖啡黑盔蚧，危害油棕新叶

咖啡黑盔蚧，危害棕榈

非洲大蜗牛

若虫 初孵若虫椭圆形，浅粉红色或淡黄色，长0.2mm，足细长，尾须很细，低龄若虫椭圆形，浅黄色，背面呈脊状并有沟，半透明。随龄期增加，背面渐增高，出现红褐色小点，并逐渐增多，体色变为浅红褐色。

生活习性 1年发生2～3代。雌成虫将卵产在盔形介壳下，每雌产卵约300粒，常孤雌生殖，产卵后即死亡。

防治方法

(1)剪除受害严重的叶片，刮刷受害较轻的叶片或枝条上的虫体。

(2)在若虫孵化盛期喷洒90%敌百虫晶体1000倍液或40%氧化乐果乳油1000倍液、80%敌敌畏乳油1000倍液、2.5%敌杀死乳油3500倍液等。

非洲大蜗牛

又名花螺、菜螺。云南、台湾、广东、广西、福建、海南等地都有自然分布，近年随着南花北调，已在北方一些温室大棚内发现。危害多种花卉等的根、叶片、嫩枝梢及枝干皮层。

危害特点 幼螺多为腐食性，成螺以舌头上的锉形组织磨碎绿色植物的根、茎、叶，造成严重伤害，甚至全株死亡，为杂食性。

形态特征

成螺 贝壳大型，长卵型或椭圆形，有石灰质稍厚外壳，壳高130mm，宽54mm，具6～8个螺层。壳面底色为黄色至深黄色，具焦褐色雾状花纹。壳口卵圆形，口缘完整简单，外唇薄且易碎，内唇贴覆在体螺层上，形成“S”形蓝白色胼胝部。无脐孔，足部肌肉发达。

卵 白色，圆形。

生活习性 主要生活在热带、亚热带，亦可通过休眠在气温低的地方或其他不利条件下生存。北方则主要生活于温室内，夜晚活动取食，白天栖息于花丛背阴处、枯枝落叶层内或腐殖质丰富的疏松土壤中。寿命5～9年，气温17～24℃适于生活，地面过湿或过干则向植株上部爬行。雌雄异体。交配1次，可在数月内多次产卵，每批可产卵100～400粒，全年可产1200粒。经30天孵化，遇不良生存环境，可休眠几年，仍然成活。

防治方法

(1)加强检疫，严防大蜗牛随花卉及包装材料扩散蔓延，进入温室大棚。

(2)在幼螺及成螺产卵前药剂防治。可用8%灭蜗灵颗粒剂1.5kg/667m^2，碾碎后与饼屑或细土5kg均匀混合，于傍晚撒于受害植株根部附近毒杀。

圆盾蚧

又名常春藤圆盾蚧。广泛分布于我国南方露地和北方温室、大棚内。寄主多，主要有苏铁、棕榈、刺葵、常春藤、鹤望兰、文竹、紫玉兰、广玉兰、含笑、桂花、鸡蛋花、山茶、万年青等。

危害特点 植株枝条表面或叶片正面、背面布满圆形或长椭圆形白色或淡灰色稍隆起的介壳，被害叶失绿、早落或枝梢枯萎，严重时整株死亡。

形态特征

成虫　雌蚧壳圆形，直径约2 mm，较薄，扁平或稍隆起，白色或淡灰色，壳点淡褐色，位于蚧壳中央或近中央。雌成虫卵圆形，长约0.9mm，黄色。触角呈小突起，上生刚毛1根；前、后气门附近无盘状腺；臀叶3对，中臀叶发达，左右两片离开，第2、3对臀叶较小，形状相似；背腺管短而多；肛门开口于臀板后端附近；围阴腺4～5群。雄蚧壳色泽、质地与雌蚧壳相同，但略小，稍狭。雄成虫体黄褐色，眼黑色，触角长，约等于体长。翅极大，卵形，长度超过体长。

若虫 初龄若虫体卵形，淡黄色。触角5节，基节粗短，末节最长。具横环纹。顶端有2根长毛。2龄以后雌雄体形分化，雌若虫形态与雌成虫相似，雄若虫逐渐变长，眼点明显。

生活习性　1年代数，南方3～4代，北方2～3代，以受精雌成虫在蚧壳内越冬，翌春产卵孵化为若虫。每雌产卵150～200粒。世代重叠现象明显。

防治方法

(1)严格检疫。搞好产地检疫，带虫株须经灭疫处理，灭疫处理不合格的不得出圃和调运。

(2)加强管理。温室栽培，要保持合理的疏密度，不要过密，保持良好

圆盾蚧，危害散尾葵状

圆盾蚧，危害苏铁状

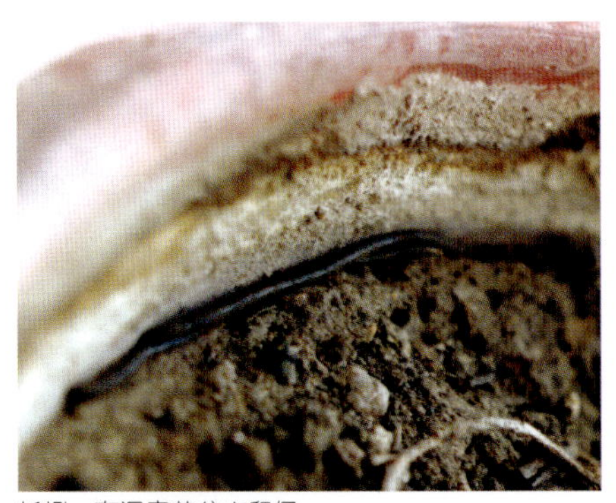
蚯蚓，在温室花盆内爬行

蚯蚓，背阴潮湿环境白天在地面活动

的通风透光环境，以减轻危害。结合修剪，摘除虫叶，剪去虫口密度大的虫枝，或刮除枝、叶果面的蚧虫，集中清理或作燃料，不要随地丢弃。

（3）药剂防治。若虫孵化期选喷40%氧化乐果乳油1000倍液、50%久效磷乳油1500倍液、40%杀螟松乳油1000倍液、2.5%敌杀死乳油4000倍液、蚧螨灵200倍液等。

(4)注意保护和利用瓢虫、寄生蜂等天敌。

蚯　蚓

又名曲鳝、地龙。我国南北各地都有分布；美国、日本等地。蚯蚓对植物具有益的方面，在土壤中取食腐殖质，穿行土壤中，疏松土壤，有利于增加土壤的通透性，保持土壤的团粒结构，一般不直接危害花苗。但如果蚯蚓数量太多，特别是在温室大棚内，其身体鳃部在泥土中翻动，常把种子，特别是小粒种子翻埋于土下，不能发芽，或致幼苗倒伏，造成缺苗断垅，这种现象在实生花苗圃中常见。

形态特征　体长圆柱形，成虫体长可达10～15cm，或者更长。体节120个以上，每节环生刚毛数十至百余条不等。体背黑褐色，腹面灰白色，生殖带环状，在第14～16节间，受精囊孔3对。体后部有环状、颜色较淡的鳃。

生活习性　终生生活在土壤中。多发生在低洼、湿润、富含腐殖质的黏土、黏壤土中，常20～30条群居，有时多达100条。而干旱地区、砂壤土、砂土中则很少。富含腐殖质土壤中的蚯蚓则个体大，数量多，体色深，干旱瘠薄土壤中的蚯蚓个体小、数量少、体色亦较淡。早春当地表10cm处气温上升到12℃时越冬蚯蚓开始活动，20℃时最活跃。当土温达到21℃，土壤相对湿度达到50%时，尤其是春季地表温度高于深层土温，湿度又大时，则上升到地表活动和繁殖，一般身体前部埋在土壤中，部分鳃毛伸出土外，作波状摆动，在24小时内可排粪泥20～30次，此时易伤害幼苗。在土壤湿度

蚯蚓，粪泥堆成土堆

大时，或雨后，常于早晨6：00～7：00，在花盆内多条蚯蚓头尾相接在地面蠕动，速度很快，遇惊扰即迅速钻入土中。在7～8月酷热时则很少爬上地表。

防治方法

(1)在进行播种育苗（尤其是小粒籽种）整地时，如发现蚯蚓数量太多，可喷药除治：50%辛硫磷乳油等适量与细沙土拌匀撒入土中杀灭。

(2)盆花中发现有蚯蚓时，应在换盆时挑除，或早晨见到蚯蚓在表面土壤蠕动时挑除。

蛞　蝓

又名野蛞蝓、鼻涕虫。新疆、北京、陕西、河南、河北、陕西、湖北、湖南、江西、浙江、江苏、福建、广东、广西、四川、云南、贵州等地都有分布。危害和污染月季、菊花、仙客来、洋兰、一串红、朱顶红、鸢尾、牵牛、瓜叶菊、海棠、唐菖蒲等的幼苗、嫩梢、叶片，而以幼苗、嫩梢受害最重，影响生长和观赏。

危害特点　成体、幼体取食危害和污染植株的幼苗、嫩梢、叶片，叶片出现形状不规则的缺刻和孔洞，叶面上留有发光的黏液痕迹。

形态特征

成体　长约22mm，爬行时约35mm，宽4～6mm。长梭形，暗灰色、灰红色或黄白色，柔软、光滑无外壳。触角2对，黑色，下边1对为前触角，长约1mm，有感觉作用；上边1对为后触角，长约4mm，端部具眼。口腔内有角质齿舌。体背前端具外套膜，为

蛞蝓，触角端部的眼睛

蛞蝓，危害朱顶红

蛞蝓，在象牙红叶面爬行留下的痕迹

体长的1/3，边缘卷起，其内有退化的贝壳，称盾板，上有明显的同心圆纹，即生长线。同心圆纹中心在外套膜后端偏右。体右侧前方有呼吸孔，其上环绕细小的色线。黏液无色。生殖孔在右触角后方约2mm处。

卵　椭圆形，直径2.0～2.5mm，白色透明，可见卵核，富有弹性，近孵化时色变深。

幼体　初孵时体长约2mm，淡褐色，形态似成体。

生活习性　1年1代，以成体或幼体在花木根部湿土中越冬。翌年5～7月潮湿季节活动危害，多将幼嫩叶片咬成孔洞或缺刻。酷热干燥活动减弱。入秋变凉爽后又活动危害。温室内常年活动危害。雌雄同体，异体受精。5～7月产卵，卵期约16天。从孵化至性成熟约55天，成体产卵期约160天。多产卵于湿度大、隐蔽的土中，畏光，怕热，强日照下2～3小时即死亡，所以从傍晚开始活动，22：00～23：00达到高峰。阴雨后地面潮湿或夜晚有露水时出来最多，气温超过25℃时活动较少。黎明前陆续潜入土中。夏季阴雨连绵，在潮湿阴暗处，温室大棚内，白天亦出来活动。耐饥力强，当食物缺乏或遇不良环境时能不吃不动。隐蔽潮湿的环境易于发生，气温11.5～18.5℃、土壤含水量为20%～30%时对其生长发育最有利。

防治方法

(1)科学管理花圃。合理浇水，采用喷灌、滴灌，不要大小漫灌，防止积水。保持合理密度，不要过密。注意修枝整形，及时修除过密枝、徒长枝，保持良好的通风透光，使蛞蝓没有繁衍、隐蔽、栖息的适宜场所。

(2)人工捕捉成、幼体。

(3)诱杀。在花木周围堆放些鲜菜叶、杂草，每100kg杂草菜叶喷洒适量水与1kg90%敌百虫粉混合均匀，诱成、幼体藏匿取食，毒杀之。

(4)在花木周围或蛞蝓经常栖息的阴暗潮湿场所，于傍晚撒少量生石灰粉，或喷洒氨水100倍液或撒80%灭蜗灵颗粒剂、10%多聚乙醛颗粒剂等，用量为1.5g/m^2。

蛴　螬

又名核桃虫、土蚕，是金龟子类幼虫的通称。全国各地都有分布，危害多种花卉的根茎部，是常见地下害虫。部分蛴螬的成虫危害花木的叶、芽、花。

危害特点　咬取花木的根茎部，可致幼苗根茎断裂、死亡，在苗圃形成缺苗断垅，重者毁种重播。咬食大的块根、块茎形成圆形或不规则孔洞，严重妨碍生长。

形态特征　虫体为圆筒形，臀部肥大，常弯曲成“C”形，乳白色，有胸足 3 对，体背隆起多皱。

生活习性　蛴螬 1 年发生代数，因种类和地域不同而异。如铜绿金龟子在北京地区 1 年发生 1 代，以幼虫在土中越冬。华北大黑鳃金龟 2 年发生 1 代，以幼虫和成虫越冬。蛴螬喜发生于有机质多的土壤中，通常在春季和夏末秋初危害严重，冬季低温和夏季高温潜入深土层。

防治方法

(1)实行综合治理，要联防联治，大面积除治成虫，沤制有机肥处要远离花圃，有机肥要充分腐熟。

(2)药剂防治。根灌 90% 敌百虫晶体 800 倍液或 50% 辛硫磷乳剂 1000 倍液等。花盆内有虫可根埋 15% 铁灭克颗粒剂等毒杀。

鼠　妇

又名西瓜虫、潮虫、蒲鞋底虫。全国各地都有分布，危害仙客来、紫罗兰、瓜叶菊、仙人掌、茶花、苏铁、扶桑等。

危害特点　幼虫和成虫取食幼嫩根茎，造成生长不良，枝枯叶黄，严重时整株死亡。苗期缺苗断垄，幼芽、嫩根或茎基部有孔洞或断裂，造成溃疡，甚至整株死亡。

形态特征

成虫　体长 10～14mm，宽 5.0～6.5mm，长椭圆形，共 13 节，灰褐色，

蛴螬，背面观

蛴螬，侧面观

鼠妇，背阴潮湿处白天活动

鼠妇，受惊后卷缩状

头部具眼和线状触角各1对。胸部8节，第1节与头联合，其他各节能自由活动。每节腹面有圆形，等长的足1对。腹部小，尾端有1对片状小突起。雌成虫体背暗褐色，隐约可见黄褐色云状纹，每节后缘具白边；雄虫较青黑。

鼠妇，爬行态

卵　黄褐色，近球形至卵形。

幼虫　初孵幼虫白色，半透明，长约1.3～1.5mm，宽0.5～0.8mm，后随个体的增大，颜色逐渐变深。幼虫形态与成虫近似。

生活习性　约1年1代，成虫产卵于腹下“兜”内，孵化后脱离母体。每雌可繁殖100多头，离开母体即可自由活动取食，取食后体壁颜色渐变深，个体渐增大，隔一定时间脱皮1次。初孵幼虫多随母体群集在一起，经30～70天后开始独立生活。多发生在阴暗、潮湿处。夜出危害为主，以21：00～22：00、7：00～8：00活动最盛，阴天亦出来活动，在终日不见阳光的背阴潮湿处，晴天亦出来活动。对圈肥及腐草有趋性，有假死性和负趋光性，受干扰后立即卷缩成西瓜状。寿命可达1年半以上。

防治方法

(1)施用充分腐熟的有机肥。保持设施内的卫生，管理时拔出的杂草、残叶、枯枝等，及时清出室外。

(2)药剂防治。虫量大时，可选喷：20%虫死净可湿性粉剂2000倍液、10%吡虫啉可湿性粉剂2500倍液、25%爱卡士乳油1500倍液、50%辛硫磷乳油1000倍液等。

蔗蝙蛾

我国南方各地均有分布，随着香龙血树（巴西木）的引种调运，连年来迅速向北方蔓延，北京、河北等地都有发生，为香龙血树的一种世界性重要害虫。以幼虫危害香龙血树、马拉巴栗、袖珍椰子、鹅掌柴、海南铁、棕竹、喜林芋、百合、凤梨、鹤望兰等多种花卉的茎干，可削弱生长势，造成枝叶萎蔫、枯黄，甚至全株死亡，丧失观赏价值。

危害特点　幼虫危害香龙血树的干部皮层形成不规则块状褐变，上有多个小圆孔，剥开变色皮层，木质部与皮层间的虫道内充满粪屑。

形态特征

成虫　体长10mm左右，黄褐色。前翅暗棕色，中室端部和后缘各有1个黑斑点。后足长超出后翅端部，后足胫节具长毛。

卵　近圆形，淡黄色。

幼虫　老熟幼虫体长30mm左右，灰黄至乳黄色，半透明状。

蛹　棕色，离蛹。

生活习性　北京、河北一带1年3～4代，以幼虫在温室内的盆土里越冬。翌春出蛰蛀入皮层和木质部之间继续危害，上、下蛀食，轻则皮下茎干上出现虫道，重则表皮与木质部之间的形成层和韧皮部被吃光，连成一片，其间充满粪屑，并有多处咬破表皮的圆形通气排粪孔，排出少量粪屑，皮下被蛀空的表皮，变为淡褐色枯死，用手指按压之呈松软状。幼虫7龄，虫期45天左右，老熟幼虫在寄主受害部或秋季在盆土内吐丝作茧，化蛹其中，蛹期15天左右。在寄主受害部化蛹，羽化前先破茧顶和树干表皮，蛹体半露，羽化后蛹壳仍半露于羽化孔外，为其明显特征。成虫爬行速度较快，停息时触角前伸。幼虫孵化后吐丝下垂，很快直接蛀入皮下或自伤口、裂缝蛀入皮下危害。

防治方法

（1）加强植物检疫。搞好产地检疫和调运检疫，严防害虫随苗木调运扩散蔓延。购置、引进苗木时，认真检查，确保栽植无病虫苗木。发现危险性病虫时，要做好无害化处理。

蔗蝙蛾，危害状 I

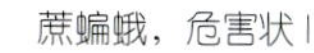

蔗蝙蛾，危害状 II

蔗蝙蛾，幼虫

榕管蓟马，榕树叶被害状

（2）莳养花木过程中，经常检查茎干，发现有蛀孔并有虫粪排出，用手压之松软的，即剥去被蛀空的树皮，杀死粪屑内蛹或幼虫。

（3）药剂防治。发现幼虫危害后，可用80%敌敌畏乳油500倍液喷洒茎干，再用塑料薄膜将茎干包裹5小时，熏杀皮下虫体；用40%氧化乐果乳油15倍液涂抹被蛀空的表皮；用20%速灭杀丁乳油2000倍液，浸泡茎干5分钟；越冬期地面撒布90%对硫磷微胶囊剂毒土（配比为药1：细沙土20）等。

榕管蓟马

又名榕母蓟马、榕蓟马、榕树蓟马。福建、台湾、广东、海南、河南、河北、山东、辽宁、吉林、黑龙江等地（北方主要在温室内）；日本、印度、印度尼西亚、西班牙、墨西哥、埃及、阿尔及利亚；北美洲都有分布。若虫和成虫锉吸榕树、气达榕、人面子、无花果、杜鹃、龙船花等，生长受阻，光合作用减弱，大大降低观赏价值，是榕树等的重要害虫之一。

危害特点 成虫、若虫吸食嫩芽、嫩叶，在叶背面形成大小不一的紫褐色斑点，进而沿中脉向叶面折叠，形成饺子状的虫瘿，内有几十至上百头若虫、成虫危害。

榕管蓟马，虫瘿内的虫体

形态特征

成虫 雌体长2.6mm，雄体长2.0～2.2mm。体黑色，有光泽。触角8节，第1～2节褐色，3～6节基部为黑色，第6节端部和第7～8节色较暗，第3节最长。翅无色透明。前翅较宽，翅缘直，翅中部不收缩，前缘基部有3根前缘鬃。雄虫腹部第9节侧鬃及管状体均短于雌虫。

卵 肾形，乳白色。

若虫　4龄。

生活习性　北方1年多代，常以成虫越冬；广东和北方温室内全年发生。发育适温为25℃，相对湿度50%~70%，干燥的气候对发生有利。成、若虫均嗜食榕树叶片。成虫腹部有向上翘动的习性，多产卵于嫩叶表面。该虫常与大腿榕管蓟马混合发生。

防治方法

(1)及时摘除虫瘿叶并喷药。结合园艺管理摘除形成虫瘿的叶，立即装入塑料袋密封，集中深埋，同时选喷：50%杀螟松乳油1000倍液、2.5%溴氰菊酯乳油4000倍液、40%氧化乐果乳油1000倍液等，每10天喷1次，连喷2~3次。

(2)根部埋施3%呋喃丹颗粒剂、15%涕灭威等，口径20mm的花盆，每盆用药2~3g，施药后浇足水。

(3)注意保护小花蝽、华野姬猎蝽等天敌。

褐软蚧

又名广食褐软蚧、软蚧。在北方的温室里和南方田间普遍发生。危害象牙红、朱顶红、米兰、君子兰、白

榕管蓟马，榕树新梢被害状

褐软蚧，危害象牙红叶柄

褐软蚧，危害象牙红枝条

玉兰、广玉兰、万年青、桂花、夹竹桃、龟背竹、月季、山茶、栀子花等多种花木，造成枝、叶枯萎，花木生长缓慢，排泄物诱发煤污病。

危害特点 以雌成虫和若虫在叶片正面或背面和嫩枝上吸食汁液。叶片、叶柄、嫩枝上有长3～4mm长卵形褐色隆起状物，紧贴植物体。植株下部叶片或地面杂草叶片上有一层油亮黏状物。

形态特征

成虫 雌虫体长卵形或卵形，扁平或略隆起，体长3～4mm，左右不对称；后端比前端稍膨大，体背中央有1纵隆起，体边缘薄，紧贴植物体表面。虫体背面颜色变化大，常由棕色、黄色、黄褐色、绿色等构成不规则的格子形图案。体背软或略硬化。触角7～8节，较细弱。体缘毛通常尖锐或顶端具齿状分裂。气门较小，气门刺3根，中刺长度为两旁侧刺长度的3～4倍。多格腺少，仅分布在阴门附近，管状腺缺。腹末凹陷成臀裂，肛板三角形。雄成虫少见。

若虫 初孵时椭圆形，黄绿色，触角及足发达，尾端有2根长毛。2龄若虫近1mm，长椭圆形，扁平，前后端几乎相似，黄绿色至浅褐色，背面中央稍显纵脊线。

生活习性 年发生代数各地不同。北京地区在温室中每年发生4～5代，以雌成虫或若虫越冬。翌春气温回升后开始活动危害，发生期不整齐，世代重叠，各代若虫发生期均在2月下旬、5月下旬、7月下旬和9月下旬。多孤雌生殖，卵胎生，6月间繁殖最盛。每雌可产仔70～100头。初龄若虫多分散转移于嫩枝和叶上群集危害，一旦固定便不再移动。其捕食性天敌有双斑红瓢虫等，寄生性天敌主要有软蚧扁角跳小蜂、黑色软蚧蚜小蜂、闽粤软蚧蚜小蜂和蜡蚧斑翅蚜小蜂等。

防治方法

(1)严格检疫。不出卖不购进带虫花木。发现虫情，要进行灭疫处理。

(2)虫口密度小时，可用硬刷子等

人工刷除虫体。

(3)剪除多虫枝叶。

(4)若虫期选喷20%杀灭菊酯2000倍液、50%杀螟松乳油1000倍液、50%久效磷乳油1000倍液、40%氧化乐果乳油1000倍液等。

(5)盆栽花木发生严重时可根施3%呋喃丹颗粒剂或15%涕灭威颗粒剂等。用药量视花盆大小和花木种类而定。一般花盆内径20cm，装土高13cm时，可埋入呋喃丹15～20g或涕灭威0.5～1.0g，施后浇透水。

橘臀纹粉蚧

又名柑橘刺粉蚧、柑橘粉蚧。河北等北方各地温室内以及广东、广西、云南、江西、四川、福建、台湾、湖南、上海、江苏、浙江等地都有发生。危害双色茉莉、一串红、君子兰、朱顶红、茉莉、龟背竹、牡丹、绿萝、红宝石、番石榴等。

危害特点　雌成虫和若虫多群集在嫩枝的叶背、叶面、叶腋、幼芽及枝梢等处吸食汁液，致使叶片早落，并诱发煤污病。植株的叶腋、叶背等处有白色绵状物，或椭圆形被白色蜡粉状物。

形态特征

成虫　雌成虫体长约4.0mm，宽约2.8mm，椭圆形，粉红色或青至青黄色，外被白色蜡粉，体缘有18对蜡刺，均较短，向体后端渐长。触角8节，末节最长。足发达，后足基节与胫节常有若干透明孔。有前后背

橘臀纹粉蚧，寄生米兰嫩枝

橘臀纹粉蚧，危害双色茉莉叶正面

橘臀纹粉蚧，危害双色茉莉叶背面

橘臂纹粉蚧，雌成虫

橘臂纹粉蚧，寄生红花吊兰

裂。腹裂1个。肛环有孔纹，肛环刺6根。臂瓣腹面有狭长的硬化片。

若虫 雌3龄，雄2龄。椭圆形，触角与足发达。初孵若虫体扁平，淡黄色，无蜡粉。第2龄开始分泌蜡粉，体周缘出现蜡丝。第3龄与雌成虫相似。

橘臂纹粉蚧，危害红宝石

生活习性 1年发生3～4代，以雌成虫在枝干缝隙内越冬。翌年3月中、下旬开始活动取食，4月底开始产卵。产卵前于体后分泌白色棉絮状蜡质卵囊，产卵其中。每雌产卵300～400粒。卵期约15天，5月中、下旬若虫陆续出现，并在叶、枝、干等处危害。有世代重叠现象，主要行孤雌生殖。9～10月间出现雄成虫，交尾后即死去。雄若虫2龄时多转至1cm深土层化蛹、羽化。1龄若虫平均15天，2、3龄若虫各16天。喜阴湿，多于茂密、荫蔽处群集危害。

防治方法

(1)严格检疫，不出售、不引进带虫花木。

(2)虫口密度小时，人工刮除虫体或剪除多虫枝叶。

(3)在若虫发生期，选喷50%杀螟松乳油1000倍液、40%氧化乐果乳油1000倍液、50%久效磷1000倍液、40%乙酰甲胺磷乳油1000倍液、20%杀灭菊酯2000倍液等。或树干涂抹50%辛硫磷乳油10倍液药环，药环宽10cm。

(4)盆栽花木可根施3%呋喃丹颗

粒剂或15%涕灭威颗粒剂。施药量因花盆盛土体积和花木种类不同而异，一般花盆内径20cm，装土高13cm时，可埋入呋喃丹15～20g或涕灭威0.5～1.0g，施入后覆土、浇足水。

（5）注意保护和利用瓢虫等天敌，喷药期尽量避开天敌发生繁殖期，必须用药时，可改用涂茎、根埋等施药方法。

藏东麝凤蝶

云南等中国西南部、西部。幼虫危害叶子花、蜀葵等叶片。

生活习性　繁殖力强，在云南6～10月均可见大量成虫。繁殖力和观赏性均强，是建蝴蝶馆供游人观赏的重要蝶种。

藏东麝凤蝶，成虫翅反面

藏东麝凤蝶，成虫翅正面

藏东麝凤蝶，成虫交尾状

参考文献

1.戴芳澜.中国真菌总汇.北京：科学出版社，1979
2.魏景超.真菌鉴定手册.上海：上海科学技术出版社，1979
3.邢来君等.普通真菌学.北京：高等教育出版社，1999
4.方中达.植病研究方法.北京：农业出版社，1979
5.陆家云等.植物病害诊断.北京：农业出版社，1997
6.邵景文等.森林昆虫分类与鉴定.北京：中国林业出版社，1996
7.张广学等.中国经济昆虫志·同翅目蚜虫类.北京：科学出版社，1983
8.周尧.中国盾蚧志.西安：陕西科学技术出版社，1981
9.王子清.常见蚧虫鉴定手册.北京：科学出版社，1980
10.夏宝池等.中国园林植物保护.南京：江苏科学技术出版社，1992
11.林焕章等.花卉病虫害防治手册.北京：农业出版社，1999
12.赵怀谦等.园林植物病虫害防治手册.北京：农业出版社，1997
13.屠予钦.农药科学使用指南(第二版).北京：金盾出版社，2000

《庭院花卉病虫害诊治图说》

徐志华　主编

本图说介绍了栽植(或摆放)于宅旁、庭院、阳台、楼顶和室内的花卉病虫害的发生特点和防治对策，阐述了108种常见花卉病虫害的危害特点、发生规律和防治方法，每种病虫害均配有彩色生态照片及与之对应的文字说明，以便识别。可供园林园艺工作者及花卉爱好者参考使用。

《城市绿地病虫害诊治图说》

徐志华等　编著

本图说介绍了城市绿地(如公园、动物园、居民小区绿地等)病虫害的发生特点和防治对策，阐述了城市绿地花草树木常见的及新发现的病虫害106种。每种病虫害均系统介绍了诊断识别要点、发生规律和防治方法，并均附有1至多幅彩色生态照片，供读者对照识别病虫害用。可供园林工作者参考使用。

《园林苗圃病虫害诊治图说》

徐志华　主编

本图说简明阐述了露地园林苗圃病虫害的危害性、主要防治措施、常见病虫害的危害特点、发生规律和防治方法。介绍的107种病虫害均配有在发生地拍摄的彩色生态照片及相对照的文字说明，便于读者诊断、识别和防治。可供园林工作者、绿化植物苗圃经营者、植保(森保)员以及花卉爱好者参考使用。

《果树林木病害生态图鉴》

徐志华　主编

本图鉴是我国第一部集果树、林木病害于一册，记述果树和林木病害种类最多、彩色生态照片最多的树木病害图鉴，收录了以我国北方为主的果树、林木病害300多种，其中记述了一些新发现的、危害严重的病害。每种病害都以简明文字阐述其分布、症状、病原、发病规律和防治方法，反映了最新科研成果和生产实践经验，并均配有彩色生态照片1～6幅，这些照片画面清晰、症状典型、构图美观，客观真实地反映了病害症状和病原形态。可供广大农林科技工作者、果农林农、有关大专院校师生阅读参考。

为建设高产、优质、高效农业和为果农脱贫致富奔小康服务，普及果树病害防治知识，我社特组织编写了这套果树病害识别与防治丛书，并纳入到《全国“星火计划”丛书》中。

这套丛书共出版有6种，共收录以北方为主兼顾南方的常见果树病害220多种，每种病害都简明阐述其分布、症状、病原、发病规律、防治方法，并均附有症状彩色照片1～6幅。

全套丛书不仅文图并茂，图文对照，通俗易懂。而且还具有如下特点：①科学性强。文字叙述科学、严谨，反映了最新科研成果，总结了群众创造的先进经验。拍摄的照片画面清晰，症状典型，客观、真实、直观地反映了病害的症状特征。②新颖性突出。丛书中记述了一些新发现的、危害严重的病害，如香椿萎缩病、枣病毒病、杏芽瘿病、栗焦叶病、葡萄水葫芦病、苹果牛眼烂果病、果树除草剂害等。这些病害都是国内第一次发现、记述并被拍摄有症状照片的，在国外也未见报道。③实用性好。把在实践中发现和创造的利用树种间相辅相克相生现象和区域性综合治理等新观点、新方法，应用于防治果树病害，经济实用，防治效果好且持久。

这套丛书是一套有关果树病害防治方面较为系统全面的应用技术丛书，可供广大果农、林农、园林、园艺和林业工作者阅读参考。